变电站自动化系统
故障缺陷分析处理

王顺江　王爱华　葛维春 等　编著

中国电力出版社
CHINA ELECTRIC POWER PRESS

内 容 提 要

本书以现阶段实际应用变电站自动化系统和设备为基础，对各个部分可能发生的故障进行梳理分析，依照故障现象开展分析处理工作，并提出了详细的解决方案。本书共分十三章，包括变电站监控系统结构分析、变电站自动化系统现场、控制回路故障缺陷分析处理、遥信回路故障缺陷分析处理、遥测回路故障缺陷分析处理、测控装置故障缺陷分析处理、后台故障缺陷分析处理、通讯网关机故障缺陷分析处理、通讯回路故障缺陷分析处理、变电站数据网及二次安防故障缺陷分析处理、变电站时钟同步系统缺陷分析处理、厂站电量系统故障分析处理、变电站不间断电源故障缺陷分析处理，涵盖了目前变电站监控系统中所有通用设备。

图书在版编目（CIP）数据

变电站自动化系统故障缺陷分析处理/王顺江等编著. —北京：中国电力出版社，2017.7（2018.2重印）

ISBN 978－7－5198－0841－9

Ⅰ．①变… Ⅱ．①王… Ⅲ．①变电所-智能技术-自动化系统-故障诊断 Ⅳ．①TM63

中国版本图书馆 CIP 数据核字（2017）第 140994 号

出版发行：中国电力出版社

地　　址：北京市东城区北京站西街 19 号（邮政编码 100005）

网　　址：http://www.cepp.sgcc.com.cn

责任编辑：孙　芳

责任校对：闫秀英

装帧设计：王英磊　赵姗姗

责任印制：蔺义舟

印　　刷：北京大学印刷厂

版　　次：2017 年 7 月第一版

印　　次：2018 年 2 月北京第二次印刷

开　　本：880 毫米×1230 毫米　32 开本

印　　张：7.875

字　　数：200 千字

印　　数：2001—4000 册

定　　价：45.00 元

编　委　会

前　言

近年来，电力系统各种体制改革深入开展，导致厂站自动化技术人员流失严重，后续培养乏力，而电力信息的重要性逐渐提升，与电网安全关联日趋紧密，若不能提升变电站监控系统运维能力，必将导致电网事故发生率的不断攀升。

随着电网技术和电力自动化技术的不断发展，变电站监控系统更替迅速，多类型变电站监控系统同阶段应用于现场成为普遍现象，给变电站自动化运维人员提出了更多更高的要求。目前实际应用的变电站监控系统主要是智能化变电站监控系统和综合自动化变电站监控系统，分类采集变电站监控系统已经处于淘汰阶段，而且占有率非常低，因此本书只深入研究智能化变电站监控系统和综合自动化变电站监控系统的故障，对分类采集变电站监控系统、各过渡阶段监控系统和正研究的变电站监控系统只进行结构分析。

在编写组全体成员的共同努力下，历经两年多时间，经过初稿编写、轮换修改、集中会审、送审、定稿、校稿等多个阶段，终于完成了本书的编写工作并正式出版。本书的内容会随着变电站自动化技术的发展而过时，为保证本书内容跟随时代技术的发展，力争每五年更新一个版本，保证书中内容将更加准确、全面、更加符合现场实际，为现场运维人员提供经验分享和技术支持，从而全面提升变电站自动化系统运维能力。

　　本书适合变电站自动化专业人员阅读，希望各位读者通过阅读本书，提升变电站监控系统故障缺陷处理能力，为日常的故障缺陷处理工作带来帮助，本书编辑时间较短，若有错漏，请各位读者批评指正。

作者
2017 年 5 月

目　录

第三章　控制回路故障缺陷分析处理

第四章　遥信回路故障缺陷分析处理 ···················· 67

7

8

11

14

第一章

变电站监控系统结构分析

变电站监控系统经历了电子管时代、晶体管时代和微机时代，第四代变电站监控系统应该是安全智能的监控系统，目前变电站监控系统正处于微机时代的末期，电子管和晶体管早已离我们远去，而第四代变电站监控系统目前只是一个概念，未形成体系。在微机时代，主要包括分类采集变电站监控系统、综合自动化变电站监控系统和智能化变电站监控系统三个小阶段，各阶段之间也出现了一些过度系统。本章将分七个部分分析变电站监控系统结构，分别是分类采集变电站监控系统、微机变电站监控系统、智能化变电站监控系统、新一代变电站监控系统、遥信回路、控制回路和遥测回路。

1. 分类采集变电站监控系统

分类采集变电站监控系统产生于微机时代初期，20 世纪 80 年代，结构较为简单，具体如图 1-1 所示。遥信、遥测和控制单元采集信息后，通过其本身 CPU 进行初步处理，处理完成后发送给 RTU/总控，RTU/总控进行深度处理后，传送给主站和后台，以便于实现监视和控制。遥信、遥测、控制单元和 RTU/总控之间通过 RS485 线连接，采用专用、CDT 等规约进行信息传输。RTU/总控和后台间可采用串口 RS485、RS232、RS422 或网络 RJ45 方式连接，进行信息传输。RTU/总控和主站间的信息传输没有网络方式，只能通过专线，采用 101 和 CDT 规约进行传输，要通过数据网 104 进行传输数据，必须经过规约转换装置，规约转换装置通过串口 RS232 与 RTU/总控建立信息通讯，再通过 RJ45 与站内数据网设备建立通讯通道，采用 104 规约与主站进行信息传输。

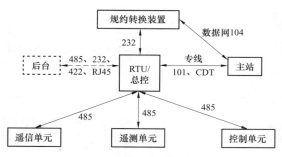

图 1-1　分类采集变电站监控系统结构

2. 综合自动化变电站监控系统

20 世纪 90 年代，由于分类采集自动化系统的安全性、稳定性、扩展性、及时性等方面都存在弊端，为更好的采集、处理和传输信息，推出了综合自动化监控系统。相对于分类采集变电站监控系统，综合自动化监控系统最大的改变就是依照间隔设置测控，最确切的说法应该是依照断路器设置测控，当时没有 3/2、4/3 接线，每个间隔都是一个断路器。每个测控采集本间隔的位置信号、一、二次设备故障信号，遥测信息，保护信息等，同时控制本间隔一、二次设备。综合自动化监控系统有两种，分别是总控式和分布式。总控式是以总控装置为中心，实现现场信息采集并实现控制命令下达。分布式是后台和远动分别独立采集控制，互不影响。

总控式结构变电站是以总控单元为中心。对下总控单元与各测控、保护、保侧一体、其他智能设备等装置建立连接，采集变电站所有信息，并转发控制命令；对上总控单元与各主站、后台和五防建立连接，转发全站信息，并接受控制命令。总控式综合自动化变电站监控系统结构如图 1-2 所示。

分布式综合自动化监控系统在总控式的基础上发展起来，相对于总控式，更加的稳定和可靠。分布式综合自动化监控系统从整体上将监控系统分为三层：站控层、网络层和间隔层。间隔层主要由保护单元、测控装置、其他智能设备等组成，负责采集变电站基础

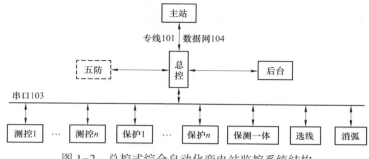

图 1-2 总控式综合自动化变电站监控系统结构

数据；网络层即站内自动化系统通讯网络，实现站控层和间隔层之间的通讯，支持单网或双网；站控层采用分布式系统结构，提供多种组织形式，可以是单机系统，亦可多机系统。具体结构如图 1-3 所示。

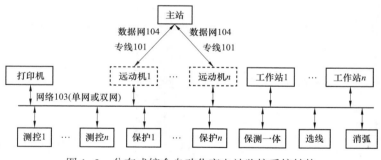

图 1-3 分布式综合自动化变电站监控系统结构

3. 智能化变电站监控系统

智能化变电站监控系统的结构采用开放式分层分布结构，由"三层两网"构成。其中"三层"指站控层、间隔层、过程层；"两网"指站控层网络、过程层网络。具体结构及相关设备如图 1-4 所示。站控层俗称上位机，位于变电站主控室内，由一台或多台计算机及其他设备组成。通过计算机网络，实现对全站数据采集、监视、控制以及对设备状态的综合分析管理。继电保护装置、测控装

3

置和自动控制装置等为间隔层设备，实现对该间隔相对应的一次设备的数据采集、保护、控制等功能，并通过计算通信网络和站控层设备交换信息。过程层主要是合并单元、智能终端等一次设备所属的智能组件，是一次设备信息采集及二次设备指令实现的重要环节，是一、二次设备的有机结合。站控层网络，亦可称之为间隔层网络，在智能化变电站监控系统中也可称为 MMS 网，主要作用是连接站控层与间隔层间设备，保证两层设备间的通信，为实现不同厂家设备间的互操性提供了可靠的物理链接。过程层网络是指间隔层与过程层间设备连接的网络，该网络包含了 GOOSE 网和 SV 网。

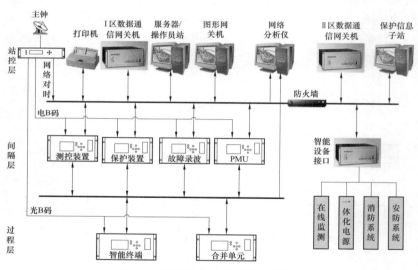

图 1-4   智能化变电站监控系统结构

4. 新一代变电站监控系统

随着保护的就地化，变电站监控系统的采集部分也趋向于就地化，而整个系统将趋向于集中化、网络化和多元化，数据共享、网络控制、设备虚拟等先进的 IT 技术将会应用于变电站监控系统中。新一代变电站监控系统的结构如图 1-5 所示，合并单元负责电网电压电流信息的采集，装置对采集信息经过简单的计算处理，将变化遥测量通过网络送至站控层对应虚拟测控中，由虚拟测控完成进一步的统计、分析和计算。同时合并单元将采集到的电网动态信息传送给电量采集系统，通过积分计算，实现间隔电能量的采集。并且合并单元也将采集到的电网动态信息传送给PMU装置，实现间隔电网动态信息的采集。智能终端采集硬结点开关量信息，并将信息直接送入站控层系统，包括虚拟测控、后台机、通讯网关机、数据服务器、应用服务器等等，实现信息采集速率的大幅提升。同时监控系统也可以通过虚拟测控、后台机或者通讯网关机给智能终端下达控制指令，由智能终端完成对一次设备的控制。

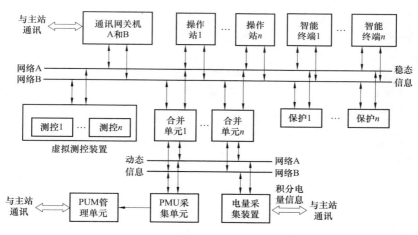

图 1-5 新一代变电站监控系统结构

5. 遥信回路

遥信包括软信号和硬接点，软信号为二次设备、通讯或各种计算产生，回路较为简单，只有通讯回路或者没有回路。硬接点信息相对较为复杂一些，包括两种采集，分别是测控直接采集和智能终端采集，回路分别如图 1-6 和图 1-7 所示。

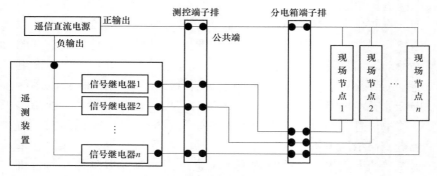

图 1-6　测控直接采集遥信回路

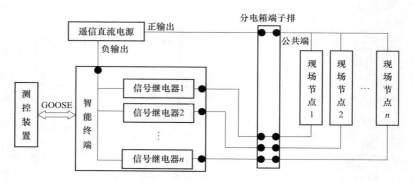

图 1-7　智能终端采集采集遥信回路

6. 控制回路

控制包括了一次设备状态控制和二次状态控制，二次状态控制没有回路，直接通过网络控制二次设备状态或软件功能状态。对一次设备状态控制有回路，一次设备状态控制回路较多，智能化变电站监控系统控制回路包括两种，一种是断路器、隔离开关和接地开关控制回路，另一种是变压器调档和消弧线圈调档控制回路。综合自动化变电站监控系统控制回路包括三种，分别是断路器控制回路、隔离开关和接地开关控制回路、变压器调档和消弧线圈调档控制回路。

　　智能化变电站监控系统两种控制回路会因为设计上的不同存在一些差异，主要集中在控制压板、远方就地把手和操作把手上，大部分智能终端上带出口压板，而不带远方就地把手和操作把手，如图 1-8 所示。但也有带出口压板、远方就地把手和操作把手，具体如图 1-9 所示；也有出口压板、远方就地把手和操作把手全不带的。变压器调档和消弧线圈调档控制回路如图 1-10 所示。

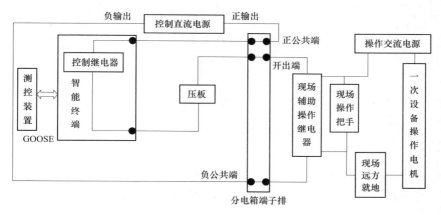

图 1-8　智能化变电站监控系统断路器、隔离开关和接地开关控制回路 1

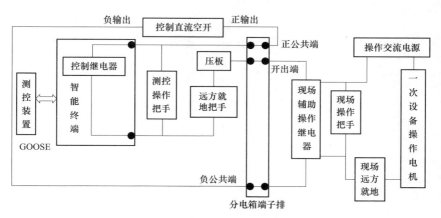

图 1-9　智能化变电站监控系统断路器、隔离开关和接地开关控制回路 2

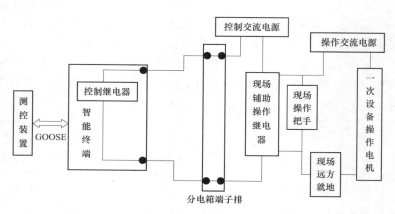

图 1-10　智能化变电站监控系统变压器调档和消弧线圈调档控制回路

综合自动化变电站监控系统控制回路非常的成熟固定，有三种结构，隔离开关和接地开关测控直接开出到现场，具体如图 1-11 所示；变压器调档和消弧线圈调档采用交流控制回路，具体如图 1-12 所示；因与保护共用出口，断路器控制回路最为复杂，具体如图 1-13 所示。

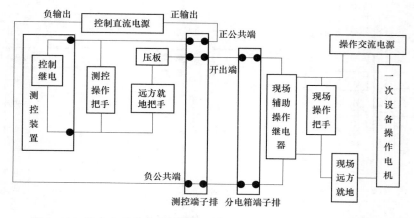

图 1-11　综合自动化变电站监控系统隔离开关和接地开关控制回路

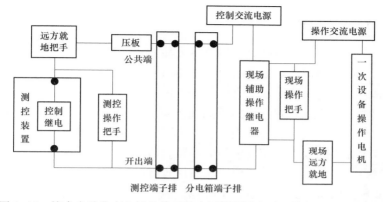

图 1-12 综合自动化变电站监控系统变压器调档和消弧线圈调档控制回路

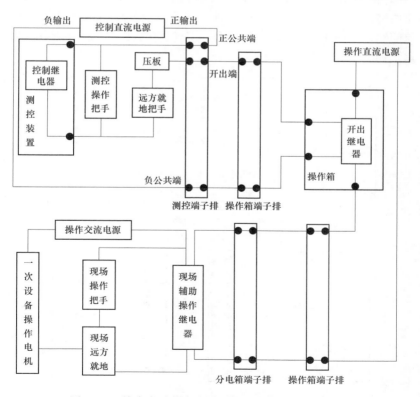

图 1-13 综合自动化变电站监控系统断路器控制回路

7. 遥测回路

遥测信息主要包括有功功率、无功功率、功率因素、电流、电压、温度、档位、直流电压等，有功功率、无功功率和功率因数是计算量，通过采集电流、电压及其夹角计算得出。由于目前光电流互感器和光电压互感器测量的准确性和稳定性存在不足，应用较少，而且光电流互感器和光电压互感器回路特别简单，因此只介绍常规电流互感器和电压互感器的回路。遥测回路包括电流回路、电压回路、温度回路、档位回路、站用直流电压回路。

电流回路种类也较多，主要包括四种，第一种，智能化变电站电流回路，如图 1-14；第二种，综合自动化变电站三相不带计量电流回路，如图 1-15 所示；第三种，综合变电站假 B 相不带计量电流回路，如图 1-16 所示；第四种，综合变电站三相带计量电流回路，如图 1-17 所示。

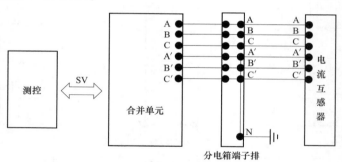

图 1-14　智能化变电站电流回路

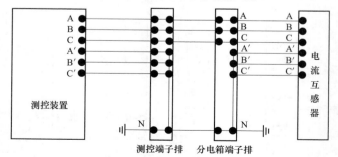

图 1-15　综合自动化变电站三相不带计量电流回路

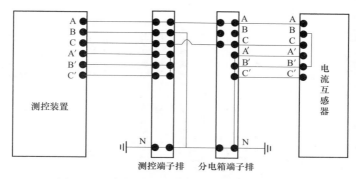

图 1-16　综合变电站假 B 相不带计量电流回路

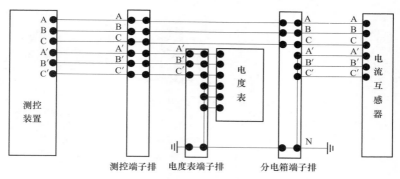

图 1-17　综合变电站三相带计量电流回路

电压回路种类较少，分为综合自动化变电站电压回路和智能化变电站电压回路，分别如图 1-18 和图 1-19 所示。

温度回路主要存在于变压器测温，智能化变电站和综合自动化变电站变压器温度回路基本相同，如图 1-20 所示。

档位回路不管智能化变电站和综合自动化变电站差别不大，主要有两种，第一种直接采集遥信的档位回路，就是遥信采集回路，如图 1-6 所示，采集到档位遥信信息后，在测控装置中将遥信值转为遥测值；第二种 8421 码转换档位回路，如图 1-21 所示，将采集到的遥信信息送入 8421 转换装置，输出十位、八位、四位、二位和一位遥信信息给测控装置，由测控装置依照 8421 码规则转化成档位遥测。

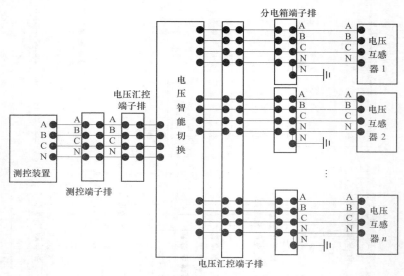

图 1-18　综合自动化变电站电压回路

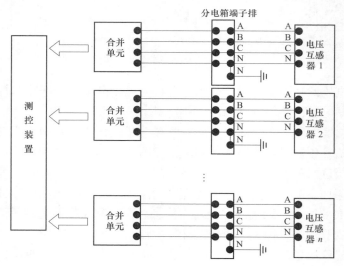

图 1-19　智能化变电站电压回路

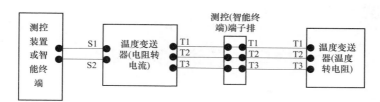

图 1-20 温度回路

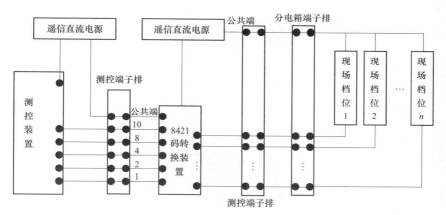

图 1-21 8421 码转换档位回路

站用直流回路较为简单，如图 1-22 所示。

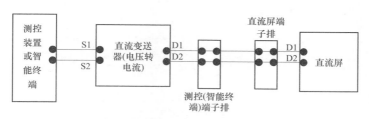

图 1-22 站用直流回路

第二章

变电站自动化系统现场

1. 变压器（见图 2-1 和图 2-2）

图 2-1　220kV 室外变压器

图 2-2　66kV 室内变压器

2. 断路器（见图 2-3 和图 2-4）

图 2-3　户外真空断路器

图 2-4　户内小车真空断路器

3. GIS、HGIS 组合电器（见图 2-5 和图 2-6）

图 2-5　GIS 组合电器局部图

图 2-6　GIS 组合电器全景图

4. 电流互感器（见图 2-7 和图 2-8）

图 2-7　气体绝缘式电流互感器

图 2-8　干式电流互感器

5. 电压互感器（见图 2-9）

图 2-9　220kV 室外电压互感器

6. 电容器（见图 2-10 和图 2-11）

图 2-10　66kV 室外电容器

图 2-11 10kV 室外电容器

7. 电抗器（见图 2-12）

图 2-12 500kV 单相、油浸、自冷、气隙铁心式结构的并联电抗器

8. 空开（见图 2-13 和图 2-14）

图 2-13 带辅助接点交直流空开

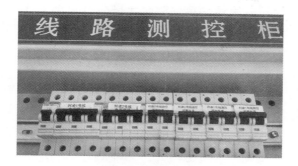

图 2-14 线路测控柜交直流空开

9. 变压器调压机构 （见图 2-15）

10. 变压器分电箱档位端子排接线 （见图 2-16）

 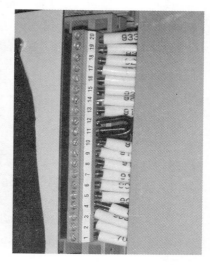

图 2-15 变压器调压机构箱 图 2-16 变压器档位信号端子排接线

19

11. 变压器分电箱档位控制端子接线 （见图 2-17）

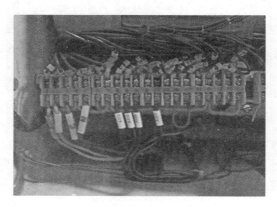

图 2-17 变压器分电箱档位控制端子接线

12. 变压器现场温度表 （见图 2-18）

图 2-18 变压器现场温度表

13. 现场网门连锁接点（见图 2-19）

图 2-19 现场网门连锁接点

14. 现场分电箱电流端子接线（见图 2-20 和图 2-21）

图 2-20 66kV 现场分电箱电流端子接线

图 2-21　10kV 现场分电箱电流端子接线

15. 现场分电箱电压端子接线（见图 2-22）

图 2-22　现场分电箱电压端子接线

16. 现场分电箱遥信端子接线（见图 2-23 和图 2-24）

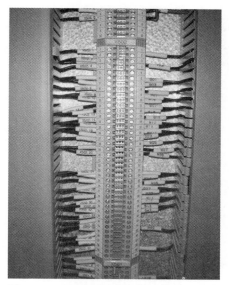

图 2-23　66kV 现场分电箱遥信端子接线

图 2-24　10kV 现场分电箱遥信端子接线

17. 现场分电箱遥控端子接线 （见图 2–25 和图 2–26）

图 2–25　66kV 现场分电箱遥控端子接线

图 2–26　10kV 现场分电箱遥控端子接线

18. 智能站现场汇控柜端子接线 (见图 2-27)

图 2-27 智能站现场汇控柜端子接线

19. 电流互感器接线盒 (见图 2-28)

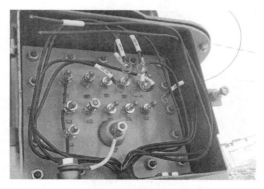

图 2-28 电流互感器接线盒

20. 电压互感器接线盒（见图 2-29）

图 2-29　电压互感器接线盒

21. 电压汇控柜端子接线（见图 2-30）

图 2-30　电压汇控柜端子接线

22. 综合自动化变压器高压测控端子接线 （见图 2-31）

图 2-31　综合自动化变压器高压测控端子接线

23. 综合自动化变压器低压测控端子接线 （见图 2-32）

图 2-32　综合自动化变压器低压测控端子接线

24. 综合自动化变压器本体测控端子接线 （见图 2-33）

图 2-33　综合自动化变压器本体测控端子接线

25. 综合自动化母线测控端子接线 （见图 2-34）

图 2-34　综合自动化母线测控端子接线

26. 综合自动化公共测控端子接线 （见图 2-35）

图 2-35　综合自动化公共测控端子接线

27. 综合自动化线路测控端子接线 （见图 2-36）

图 2-36　综合自动化线路测控端子接线

28. 智能化变电站合并单元（见图2-37和图2-38）

图 2-37　智能化变电站合并单元正面

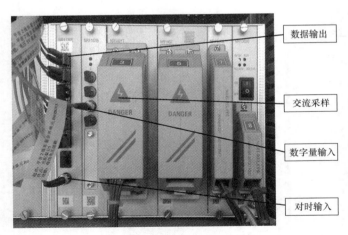

图 2-38　智能化变电站合并单元背面

29. 智能化变电站智能终端（见图 2-39 和图 2-40）

图 2-39 智能化变电站智能终端正面

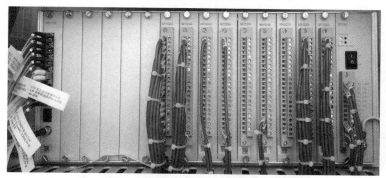

图 2-40 智能化变电站智能终端背面

30. 智能化变电站测控（见图 2-41 和图 2-42）

图 2-41 智能化变电站测控正面

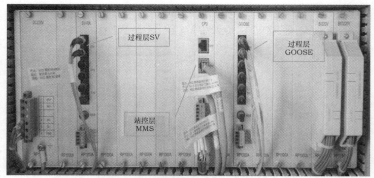

图 2-42　智能化变电站测控背面

31. 综合自动化测控装置（见图 2-43 和图 2-44）

图 2-43　综合自动化测控装置正面

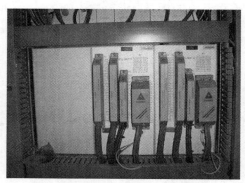

图 2-44　综合自动化测控装置背面

32. 智能化变电站通讯网关机（见图 2-45 和图 2-46）

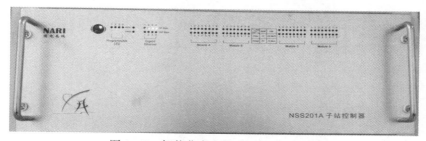

图 2-45 智能化变电站通讯网关机正面

图 2-46 智能化变电站通讯网关机背面

33. 综合自动化通讯网关机（见图 2-47 和图 2-48）

图 2-47 综合自动化通讯网正面

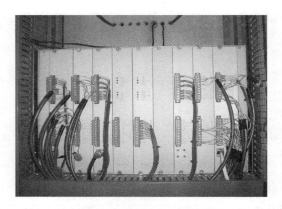

图 2-48　综合自动化通讯网背面

34. 电量采集装置 （见图 2-49）

35. 不间断电源 （见图 2-50 和图 2-51）

图 2-49　电量采集装置

图 2-50 不间断电源正面

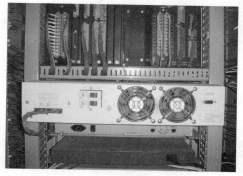

图 2-51 不间断电源背面

36. 温度变送器（见图 2-52）

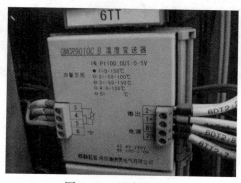

图 2-52 温度变送器

37. 直流变送器（见图 2-53）

图 2-53　直流变送器

38. 通道避雷器（见图 2-54）

图 2-54　通道避雷器

39. 数据网路由器（见图 2-55）

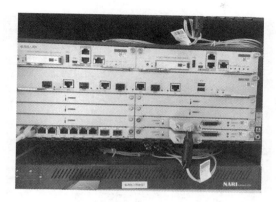

图 2-55 数据网路由器

40. 数据网纵向加密与交换机（见图 2-56）

图 2-56 数据网纵向加密与交换机

41. 通讯屏 2M 业务通讯架（见图 2-57）

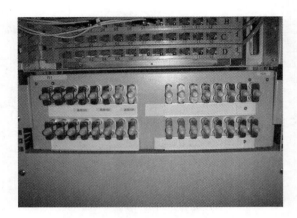

图 2-57　通讯屏 2M 业务通讯架

42. 电度表（见图 2-58）

图 2-58　电度表

43. 电度表端子接线 (见图 2-59 和图 2-60)

图 2-59　电度表电压电流端子接线

图 2-60　电度表通讯端子接线

44. 测控压板（见图 2-61）

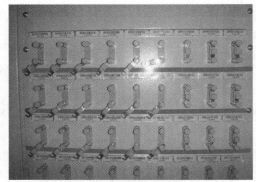

图 2-61　测控压板

45. 同步时钟装置（见图 2-62 和图 2-63）

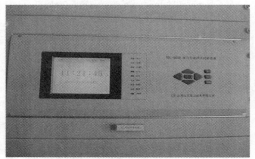

图 2-62　同步时钟装置正面

图 2-63　同步时钟装置背面

46. 同步时钟装置端子接线（见图 2-64）

图 2-64　同步时钟装置端子接线

47. 同步时钟装置天线（见图 2-65）

图 2-65　同步时钟装置天线

48. 后台主接线（见图 2-66）

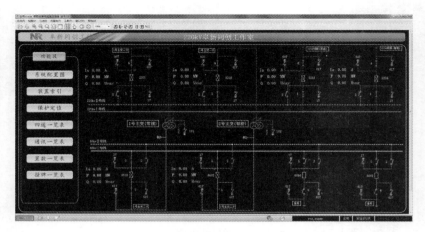

图 2-66　后台主接线

49. 后台实时告警窗（见图 2-67）

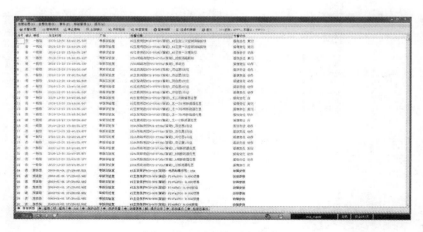

图 2-67　后台实时告警窗

50. 后台历史告警查询界面（见图 2-68）

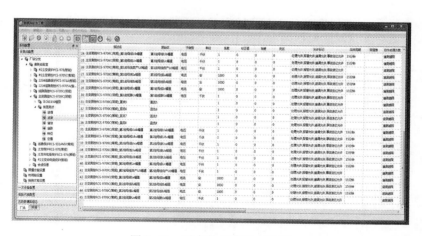

图 2-68　后台历史告警查询界面

51. 后台数据库组态界面（见图 2-69）

图 2-69　后台数据库组态界面

52. 后台图形编辑界面（见图 2-70）

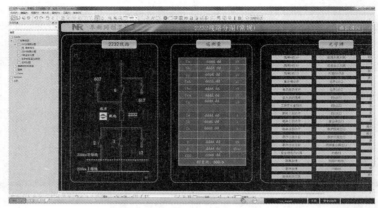

图 2-70　后台图形编辑界面

53. 后台配置工具（见图 2-71 和图 2-72）

图 2-71　SCADA 配置工具

图 2-72　画面配置工具

第三章

控制回路故障缺陷分析处理

1. 断路器、隔离开关、接地开关、变压器调压机构、消弧线圈调档机构等一次设备本体、机构或内部回路故障

故障现象

主站调度控制系统、后台、测控装置和现场操作把手上对一次设备进行控制操作都失败。

故障处理步骤和方法

（1）首先核实操作对象正常，通过现场操作把手操作一次设备，发现无法正常操作，就可以马上判断为一次设备本体、机构或内部回路故障。

（2）通过对一次设备本体、机构或内部回路进行维修后，通过现场操作把手进行试验操作，保证可以正常操作。

（3）通过主站调度控制系统、后台上进行控制试验，一次设备已经能正常操作了。

2. 保护、测控、消弧线圈控制装置、SVQC、VQC 等二次设备或软件功能故障，导致主站调度控制系统、后台控制无法实现

故障现象

主站调度控制系统、后台对二次设备或软件功能进行控制操作都失败。

故障处理步骤和方法

（1）首先核实操作对象正常，对保护、测控、消弧线圈控制装置、SVQC、VQC 等二次设备或软件功能进行控制状态核实，发现二次设备或软件功能本身存在问题，无法进行状态操作。

（2）通过对二次设备或软件功能进行维修后，本身状态控制恢复正常。

（3）通过主站调度控制系统、后台上进行控制试验，发现二次设备或软件功能已经能正常操作了。

3. 综合自动化变电站断路器、隔离开关、接地开关、变压器调压机构、消弧线圈调档机构等一次设备现场辅助继电器故障

故障现象

主站调度控制系统、厂站监控系统和测控装置上对断路器、隔离开关、接地开关、变压器调压机构、消弧线圈调档机构等一次设备控制操作失败，但现场操作把手能直接正常操作。

故障处理步骤和方法

（1）现场操作把手能直接正常操作，而测控装置上对一次设备控制操作失败，可以说明测控装置到一次设备间存在故障。

（2）断路器、隔离开关、接地开关使用万用表（调到直流电压档，大小不能小于 220V），量测控装置控制公共正端子对地电压，为+110V（正常情况），再量测控装置控制公共负端子对地电压，为−110V（正常情况），说明控制电源没有问题。变压器调压机构和消弧线圈调档机构采用交流 220V，因此采用万用表交流档去量测控制公共端和升降端，是交流 220V，说明控制电源没有问题。

（3）主站调度控制系统、后台或测控装置上对一次设备进行控制，观察测控装置开出继电器已经动作，用万用表量测相应的控制回路，发现控制指令已下达，万用表有变零情况。断路器、隔离开关、接地开关万用表用直流档量测控制公共正端子与开出端，变压器调压机构和消弧线圈调档机构万用表用交流档量测控制公共端和升档端（或降档端）。

（4）主站调度控制系统、后台或测控装置上对一次设备进行控制，观察到现场操作辅助继电器没有动作，可以判断为现场操作辅助继电器故障或者输入端故障。

（5）检查现场操作辅助继电器，确认存在故障，并对其进行维修，消除故障。

（6）消除故障后，进行主站调度控制系统、后台或测控装置上进行控制试验，发现一次设备已经能正常操作了，确定全部故障已经消除。

4. 综合自动化变电站隔离开关、接地开关、变压器调压机构、消弧线圈调档机构等一次设备控制回路存在虚连接

故障现象

主站调度控制系统、后台或测控装置上对隔离开关、接地开关、变压器调压机构、消弧线圈调档机构等一次设备控制操作失败，但现场操作把手能直接正常操作。

故障处理步骤和方法

（1）现场操作把手能直接正常操作，而测控装置上对一次设备控制操作失败，可以说明测控装置到一次设备间存在故障。

（2）隔离开关、接地开关使用万用表（调到直流电压档，大小不能小于220V），量测控装置控制公共正端子对地电压，为+110V（正常情况），再量测控装置控制公共负端子对地电压，为−110V（正常情况），说明控制电源没有问题。变压器调压机构和消弧线圈调档机构采用交流220V，因此采用万用表交流档去量测控制公共端和升降端，是交流220V，说明控制电源没有问题。

（3）主站调度控制系统、后台或测控装置上对一次设备进行控制，观察测控装置开出继电器已经动作，用万用表量测相应的控制回路，发现控制指令已下达，万用表有变零情况。断路器、隔离开关、接地开关万用表用直流档量测控制公共正端子与开出端，变压器调压机构和消弧线圈调档机构万用表用交流档量测控制公共端和升降档端。

（4）主站调度控制系统、后台或测控装置上对一次设备进行控制，观察到现场操作辅助继电器没有动作，可以判断为现场操作辅助继电器故障或者输入端故障。

（5）检查现场操作辅助继电器，确认无故障，但主站调度控制系统、后台或测控装置上对一次设备进行控制操作，仍然失败，实际故障还没有消除。

（6）在现场分线箱控制出口处连接与现场操作辅助继电器等值的警示负荷，比如喇叭或指示灯，再通过主站调度控制系统、后台或测控装置上对一次设备进行控制，发现喇叭或指示灯不能正常工作。

（7）在测控装置开出上连接与现场操作辅助继电器等值的警示负荷，比如喇叭或指示灯，再通过主站调度控制系统、后台或测控装置上对一次设备进行控制，发现喇叭或指示灯能正常工作，这样可以确定是控制回路存在虚连接，因虚连接无法通过大电流，但可以实现等电位。

（8）对每个端子连接和电缆进行检查，确定虚连接点，消除故障。

（9）消除故障后，进行主站调度控制系统、后台或测控装置上进行控制试验，发现一次设备已经能正常动作了，确定故障已经消除。

5. 综合自动化变电站隔离开关、接地开关、变压器调压机构、消弧线圈调档机构等一次设备控制回路存在断路

📖 故障现象

主站调度控制系统、后台或测控装置上对隔离开关、接地开关、变压器调压机构、消弧线圈调档机构等一次设备控制操作失败，但现场操作把手能直接正常操作。

📖 故障处理步骤和方法

（1）现场操作把手能正常操作，而测控装置上对一次设备控制操作失败，可以说明测控装置到一次设备间存在故障。

（2）隔离开关、接地开关使用万用表（调到直流电压档，大小不能小于220V），量测控装置控制公共正端子对地电压，为+110V（正常情况），量测控装置控制公共负端子对地电压，为−110V（正

常情况），再量测控装置控制开出端子对地电压，为0V，说明控制回路存在断路。变压器调压机构和消弧线圈调档机构采用交流220V，因此采用万用表交流档去量测控制公共端和升降端，是交流0V，说明控制回路存在问题。

（3）隔离开关和接地开关：在分线箱处，用万用表量测现场辅佐操作继电器两端电压，若发现都是0V，表明测控装置负公共端到现场继电器回路存在问题，若都是-110V，表明测控装置控制出口到现场继电器回路存在问题。变压器调压机构和消弧线圈调档机构：在现场分线箱处，在控制端子排处，将至现场辅佐操作继电器的电缆打开，通过万用表校验测控装置控制输出端至现场控制端子排，排查存在的故障，包括公共、升档和降档三回路。

（4）消除故障后，进行主站调度控制系统、后台或测控装置上进行控制试验，发现一次设备已经能正常动作了，确定故障已经消除。

6. 智能化变电站断路器、隔离开关、接地开关、变压器调压机构、消弧线圈调档机构等一次设备控制回路存在虚连接

📛 故障现象

主站调度控制系统、后台或测控装置上对断路器、隔离开关、接地开关、变压器调压机构、消弧线圈调档机构等一次设备控制操作失败，但现场操作把手能直接正常操作。

📉 故障处理步骤和方法

（1）现场操作把手能正常操作，而测控装置上对一次设备控制操作失败，可以说明测控装置到一次设备间存在故障。

（2）智能变电站在测控装置到一次设备间存在智能终端，在智能终端控制出口处短接，发出控制指令，发现不能正常操作。说明智能终端到一次设备间存在故障。

（3）断路器、隔离开关、接地开关使用万用表（调到直流电压档，大小不能小于220V），量测智能终端控制公共正端子对地电压，为+110V（正常情况），再量测智能终端控制公共负端子对地

电压，为-110V（正常情况），说明控制电源没有问题。变压器调压机构和消弧线圈调档机构采用交流220V，因此采用万用表交流档去量测控制公共端和升降端，是交流220V，说明控制电源没有问题。

（4）主站调度控制系统、后台或测控装置上对一次设备进行控制，观察到智能终端开出继电器已经动作，用万用表量测相应的控制回路，发现控制指令已下达，万用表有变零情况。断路器、隔离开关、接地开关万用表用直流档量测控制公共正端子与开出端，变压器调压机构和消弧线圈调档机构万用表用交流档量测控制公共端和升降端。

（5）主站调度控制系统、后台或测控装置上对一次设备进行控制，观察到现场操作辅助继电器没有动作，可以判断为现场操作辅助继电器故障，或者输入端故障。

（6）检查现场操作辅助继电器，确认无故障，但主站调度控制系统、后台或测控装置上对一次设备进行控制操作，仍然失败，实际故障还没有消除。

（7）在现场分线箱控制出口处连接与现场操作辅助继电器等值的警示负荷，比如喇叭或指示灯，再通过主站调度控制系统、后台或测控装置上对一次设备进行控制，发现喇叭或指示灯不能正常工作。

（8）在智能终端开出上连接与现场操作辅助继电器等值的警示负荷，比如喇叭或指示灯，再通过主站调度控制系统、后台或测控装置上对一次设备进行控制，发现喇叭或指示灯能正常工作，这样可以确定是控制回路存在虚连接，因虚连接无法通过大电流，但可以实现等电位。

（9）对每个端子连接和电缆进行检查，确定虚连接点，消除故障。

（10）消除故障后，进行主站调度控制系统、后台或测控装置上进行控制试验，发现一次设备已经能正常动作了，确定故障已经消除。

注意：正常情况下，智能化变电站智能终端就在现场分线箱，存在的虚连接点范围较小，若不是出现线缆内部的虚连接，可以直接检查各个端子连接点。

7. 智能化变电站断路器、隔离开关、接地开关、变压器调压机构、消弧线圈调档机构等一次设备控制回路存在断路

故障现象

主站调度控制系统、后台或测控装置上对断路器、隔离开关、接地开关、变压器调压机构、消弧线圈调档机构等一次设备控制操作失败，但现场操作把手能直接正常操作。

故障处理步骤和方法

（1）现场操作把手能正常操作，而测控装置上对一次设备控制操作失败，可以说明测控装置到一次设备间存在故障。

（2）断路器、隔离开关、接地开关使用万用表（调到直流电压档，大小不能小于220V），量智能终端控制公共正端子对地电压，为+110V（正常情况），量智能终端控制公共负端子对地电压，为−110V（正常情况），再量智能终端控制开出端子对地电压，为0V，说明控制回路存在断连。变压器调压机构和消弧线圈调档机构采用交流220V，因此采用万用表交流档去量控制公共端和升降端，是交流0V，说明控制回路存在问题。

（3）现场断路器、隔离开关、接地开关：在分线箱处，用万用表量现场辅佐操作继电器两端电压，若发现都是0V，表明智能终端负公共端到现场继电器回路存在问题，若都是−110V，表明智能终端控制出口到现场继电器回路存在问题。变压器调压机构和消弧线圈调档机构：在现场分线箱处，在控制端子排处，将至现场辅佐操作继电器的电缆打开，通过万用表校验智能终端控制输出端至现场控制端子排，排查存在的故障，包括公共、升档和降档三回路。

（4）消除故障后，进行主站调度控制系统、后台或测控装置上进行控制试验，发现一次设备已经能正常动作了，确定故障已经消除。

注意：正常情况下，智能化变电站智能终端就在现场分线箱，存在的断路点范围较小，若不是出现线缆内部的断路，可以直接检查各个端子连接点。

8. 综合自动化变电站断路器、隔离开关、接地开关、变压器调压机构等一次设备控制压板未投入或压板连接存在断开点

🧰 **故障现象**

主站调度控制系统、后台或测控装置上对断路器、隔离开关、接地开关、变压器调压机构等一次设备控制操作失败,但现场操作把手能直接正常操作。

📉 **故障处理步骤和方法**

(1)现场操作把手能正常操作,而测控装置上对一次设备控制操作失败,可以说明测控装置到一次设备间存在故障。

(2)主站调度控制系统、后台或测控装置上对断路器、隔离开关、接地开关、变压器调压机构等一次设备进行控制,发现测控装置对应的继电器已经动作。同时在测控端子排上用万用表相应档位量控制公共端与相应的开出端子,观察电压差变化,当控制指令下达时,万用表没有电压变零情况,这就说明测控装置此控制回路从端子排的公共端来进入测控装置,到测控装置输出到相应的端子排开出端子存在故障。

(3)观察压板位置,若压板在分开的状态,直接将压板合上,再通过主站调度控制系统、后台或测控装置上对断路器、隔离开关、接地开关、变压器调压机构、消弧线圈调档机构等一次设备进行控制,若能正确执行,表明故障消除,若仍然不能正确执行,表明故障仍然存在。

(4)断路器、隔离开关、接地开关:用万用表量端子排的控制公共端、端子排的控制开出端、测控装置该一次设备控制继电器两端、远方就地把手两端、压板两端,各端都应该有电压,不管是+110V 还是-110V,若存在 0V,表明有断路情况,断开控制电源,深入检查各连接点和连接线,排除故障。变压器调压机构:用万用表交流档,分别以控制公共端和升降端为基准,量控制继电器两端、远方就地把手两端、压板两端,至少有一个是存在交流 220V,如果没有,说明存在断点,在测控屏端子排上,断开到现场变压器调压机构的控制电缆，用万用表通断档检查各连接点，排除故障。

（5）消除故障后，进行主站调度控制系统、后台或测控装置上进行控制试验，发现一次设备已经能正常动作了，确定故障已经消除。

9. 综合自动化变电站断路器、隔离开关、接地开关、变压器调压机构等一次设备测控远方就地把手在接地位置或存在断开点

故障现象

主站调度控制系统、后台或测控装置上对断路器、隔离开关、接地开关、变压器调压机构等一次设备控制操作失败，但现场操作把手能直接正常操作。

故障处理步骤和方法

（1）现场操作把手能正常操作，而测控装置上对一次设备控制操作失败，可以说明测控装置到一次设备间存在故障。

（2）当控制的命令下达以后，发现测控装置对应的继电器已经动作。同时在测控端子排上用万用表相应档位量控制公共端与相应的开出端子，电压差变化，当控制指令下达时，万用表没有电压变零情况。这就说明测控装置此控制回路从端子排的公共端来进入测控装置，到测控装置输出到相应的端子排开出端子存在故障。

（3）主站调度控制系统、后台对断路器、隔离开关、接地开关、变压器调压机构等一次设备进行控制，目前大多数系统都会在返校阶段失败，因为控制返校会去检查远方就地位置，如果在就地位置，控制条件不符合要求，控制返校就失败，但也有一些系统不检查远方就地位置，返校会成功。返校失败，可以依照返校的条件去检查远方就地把手位置，发现远方就地把手位置在就地，直接将把手打到远方位置，再进行一次设备控制，发现已经成功，表明故障消除。返校不检查远方就地把手，在检查时也需要远方就地把手位置，发现远方就地把手位置在就地，直接将把手打到远方位置，再进行一次设备控制，发现已经成功，表明故障消除。若远方就地把手存在断点，就需要逐步排查。

（4）断路器、隔离开关、接地开关：用万用表量端子排的控制公共端、端子排的控制开出端、测控装置该一次设备控制继电器两端、远方就地把手两端、连接片两端，各端都应该有电压，不管是+110V还是−110V，若存在0V，表明有断路情况，断开控制电源，深入检查各连接点和连接线，排除故障。变压器调压机构：用万用表交流档，分别以控制公共端和升降端为基准，量控制继电器两端、远方就地把手两端、连接片两端，至少有一个是存在交流220V，如果没有，说明存在断点，在测控屏端子排上，断开到现场变压器调压机构的控制电缆，用万用表通断档检查各连接点，排除故障。

（5）消除故障后，进行主站调度控制系统、后台或测控装置上进行控制试验，发现一次设备已经能正常动作了，确定故障已经消除。

10. 隔离开关、接地开关、变压器调压机构、消弧线圈调档机构等一次设备控制分合或升降存在接反情况

▐ 故障现象

主站调度控制系统、后台或测控装置上对隔离开关、接地开关、变压器调压机构、消弧线圈调档机构等一次设备控制操作失败，但现场操作把手能直接正常操作。

▐ 故障处理步骤和方法

（1）现场操作把手能直接正常操作，而测控装置上对一次设备控制操作失败，可以说明测控装置到一次设备间存在故障。

（2）主站调度控制系统、后台或测控装置上对一次设备进行控制，观察到测控装置开出继电器已经动作，用万用表量相应的控制回路，发现控制指令已下达，万用表有变零情况。隔离开关、接地开关万用表用直流档量控制公共正端子与开出端，变压器调压机构和消弧线圈调档机构万用表用交流档量控制公共端和升降档端。

（3）主站调度控制系统、后台或测控装置上对一次设备进行控制，发现现场辅助操作继电器动作，但动作继电器非目标继电器，

分合错位，可以表明分合回路存在接反情况，首先检查设计图纸是否存在错误，然后检查各连接点是否存在错接，最后断开控制电源，使用万用表对线缆进行正确性校验，排除故障。变压器调压机构和消弧线圈调档机构发现现场实际动作和控制目标相反，升降错位，这表明升降回路存在接反情况，首先检查设计图纸是否存在错误，然后检查各连接点是否存在错接，最后断开控制电源，使用万用表对线缆进行正确性校验，排除故障。

（4）消除故障后，进行主站调度控制系统、后台或测控装置上进行控制试验，发现一次设备已经能正常动作了，确定故障已经消除。

11. 综合自动化变电站断路器、隔离开关、接地开关、变压器调压机构、消弧线圈调档机构等一次设备控制电源故障

🔋 故障现象

主站调度控制系统、后台或测控装置上对断路器、隔离开关、接地开关、变压器调压机构、消弧线圈调档机构等一次设备控制操作失败，但现场操作把手能直接正常操作。

📉 故障处理步骤和方法

（1）现场操作把手能直接正常操作，而测控装置上对一次设备控制操作失败，可以说明测控装置到一次设备间存在故障。

（2）断路器、隔离开关、接地开关：用万用表直流档，测量端子排的控制公共端、控制负公共端或者控制开出端，发现都没有直流电压，因此表明控制电源存在故障，首先检查控制电源空开是否合上，其次检查空开输入电源是否存在，再检查端子排上的连接是否存在错接，最后检查线缆是否存在断路，通过逐级检查消除故障。变压器调压机构和消弧线圈机构：用万用表交流档，量测控端子排的控制公共端与控制升降端，都不存在交流220V，因此表明控制电源存在故障，首先检查现场调档分线箱交流控制电源空开，其次检查现场调档分线箱的端子排是否存在错接，再检查测控装置端子排上连接是否存在错误，最后检查线缆是否存在断路，通过逐级检查消除故障。

（3）消除故障后，进行主站调度控制系统、后台或测控装置上进行控制试验，发现一次设备已经能正常动作了，确定故障已经消除。

12. 智能化变电站断路器、隔离开关、接地开关、变压器调压机构、消弧线圈调档机构等一次设备控制电源故障

故障现象

主站调度控制系统、后台或测控装置上对断路器、隔离开关、接地开关、变压器调压机构、消弧线圈调档机构等一次设备控制操作失败，但现场操作把手能直接正常操作。

故障处理步骤和方法

（1）现场操作把手能直接正常操作，而测控装置上对一次设备控制操作失败，可以说明测控装置到一次设备间存在故障。

（2）智能化变电站都由智能终端开出控制指令，因此断路器、隔离开关、接地开关一次设备控制电源在智能终端上，用万用表直流档，量端子排的控制正公共端、控制负公共端或者控制开出端，发现都没有直流电压，因此表明控制电源存在故障，首先检查控制电源空开是否合上，其次检查空开输入电源是否存在，再检查端子排上的连接是否存在错接，最后检查线缆是否存在断路，通过逐级检查消除故障。变压器调压机构和消弧线圈机构：用万用表交流档，量智能终端端子排的控制公共端与控制升降端，都不存在交流 220V。因此，表明控制电源存在故障，首先检查现场调档分线箱交流控制电源空开，然后检查现场调档分线箱端子排处是否存在错接，最后检查线缆是否存在断路，通过逐级检查消除故障。

（3）消除故障后，进行主站调度控制系统、后台或测控装置上进行控制试验，发现一次设备已经能正常动作了，确定故障已经消除。

13. 断路器、隔离开关、接地开关、变压器调压机构、消弧线圈调档机构等一次设备现场远方就地把手在接地位置

🔲 故障现象

主站调度控制系统、后台和测控装置上对断路器、隔离开关、接地开关、变压器调压机构、消弧线圈调档机构等一次设备控制操作失败，但现场操作把手能直接正常操作。

🔲 故障处理步骤和方法

（1）通过现场操作把手操作一次设备，发现可以正常操作，但在主站调度控制系统、后台和测控装置上远程操作不成功，首先就要检查远方就地把手，也有可能操作把手与远方就地把手是一体的，这样就可以直接发现一次设备现场远方就地把手在就地位置，将把手打到远方，就可以实现主站调度控制系统、后台和测控装置上远程操作成功。

（2）消除后，进行主站调度控制系统、后台或测控装置上进行控制试验，发现一次设备已经能正常动作了，确定故障已经消除。

14. 断路器、隔离开关、接地开关一次机构闭锁回路存在故障

🔲 故障现象

主站调度控制系统、后台、测控装置和现场操作把手上对断路器、隔离开关、接地开关等一次设备控制操作失败。

🔲 故障处理步骤和方法

（1）通过现场操作把手操作一次设备，发现无法正常操作，就可以马上判断为一次设备本体、机构或内部回路故障。

（2）通过对一次设备本体、机构或内部回路进行检查维修，通过现场操作把手进行试验操作，仍然无法正常操作。

（3）对控制闭锁回路检查，检查目前是否符合闭锁条件，如果符合闭锁条件，应该改变目前各设备状态，解除闭锁。若目前不符合闭锁条件，检查闭锁回路各环节是否存在虚连接和断路状态，逐步检查，排除故障。

（4）消除故障后，进行主站调度控制系统、后台或测控装置上进行控制试验，发现一次设备已经能正常动作了，确定故障已经消除。

15. 变压器调压机构和消弧线圈调档机构的一次闭锁回路存在故障

■ 故障现象

主站调度控制系统、后台、测控装置和现场操作把手上对变压器调压机构和消弧线圈调档机构的一次设备控制操作失败。

■ 故障处理步骤和方法

（1）通过现场操作把手操作变压器调压机构和消弧线圈调档机构，发现无法正常操作，就可以马上判断为设备本体、机构或内部回路故障。

（2）通过对变压器调压机构和消弧线圈调档机构的本体、机构或内部回路进行检查维修，通过现场操作把手进行试验操作，仍然无法正常操作。

（3）对控制闭锁回路检查，检查目前是否符合闭锁条件，如果符合闭锁条件，应该改变目前各设备状态，解除闭锁。若目前不符合闭锁条件，检查闭锁回路各环节是否存在虚连接和断路状态，逐步检查，排除故障。

（4）消除故障后，进行主站调度控制系统、后台或测控装置上进行控制试验，发现一次设备已经能正常动作了，确定故障已经消除。

16. 综合自动化变电站断路器测控装置开出分合接反

■ 故障现象

主站调度控制系统、后台和测控装置上对断路器控制操作失败，但现场操作把手能直接正常操作，保护能正常开出。

■ 故障处理步骤和方法

（1）保护能正常开出，表明操作箱至现场一次设备都没有故障。

（2）通过主站调度控制系统、后台或测控装置上对断路器控制操作，发现断路器测控装置继电器动作，但无法成功控制断路器动作，就可以确定是测控装置至操作箱间存在故障。

（3）主站调度控制系统、后台或测控装置上对断路器进行控制，发现现场辅助操作继电器已经动作，但动作继电器与实际控制目标不相符。控制指令下达后，用万用表分别测量操作箱输入端子、操作箱端子排、测控装置控制端子排和测控装置上控制端子，就可以确定接反位置。制定方案后，实施消除故障。

（4）消除故障后，进行主站调度控制系统、后台或测控装置上进行控制试验，发现断路器已经能正常动作了，确定故障已经消除。

17. 综合自动化变电站断路器操作箱开出分合接反

🔋 故障现象

主站调度控制系统、后台和测控装置上对断路器控制操作失败，且保护不能正常开出，但现场操作把手能直接正常操作。

📉 故障处理步骤和方法

（1）保护不能正常开出，表明操作箱至现场一次设备间存在故障。

（2）通过现场操作把手能直接操作，表明现场一次设备本体、机构和内部回路没有问题。

（3）主站调度控制系统、后台或测控装置上对断路器进行控制，发现现场辅助操作继电器已经动作，但动作继电器与实际控制目标不相符。控制指令下达后，用万用表分别测量现场分线箱端子、操作箱端子排、操作箱输出端子，就可以确定接反位置。制定方案后，实施消除故障。

（4）消除故障后，进行主站调度控制系统、后台或测控装置上进行控制试验，发现断路器已经能正常动作了，确定故障已经消除。

18. 综合自动化变电站断路器测控装置开出至操作箱间存在断路

📛 故障现象

主站调度控制系统、后台和测控装置上对断路器控制操作失败，但现场操作把手能直接正常操作，保护能正常开出。

📉 故障处理步骤和方法

（1）保护能正常开出，表明操作箱至现场一次设备都没有故障。

（2）通过主站调度控制系统、后台或测控装置上对断路器控制操作，发现断路器测控装置继电器动作，但无法成功控制断路器动作，就可以确定是测控装置至操作箱存在故障。

（3）主站调度控制系统、后台或测控装置上对断路器进行控制，发现现场辅助操作继电器未动作，说明测控装置至操作箱间存在断路或虚连接。

（4）确定远方就地把手在远方位置，分合压板在合位，用万用表的直流档分别量测控装置至操作箱各位置对地电压差，就可以确定故障点或故障线缆，进行处理或更换后，消除故障。

（5）消除故障后，进行主站调度控制系统、后台或测控装置上进行控制试验，发现断路器已经能正常动作了，确定故障已经消除。

19. 综合自动化变电站断路器测控装置开出至操作箱间存在虚连接

📛 故障现象

主站调度控制系统、后台和测控装置上对断路器控制操作失败，但现场操作把手能直接正常操作，保护能正常开出。

📉 故障处理步骤和方法

（1）保护能正常开出，表明操作箱至现场一次设备都没有故障。

（2）通过主站调度控制系统、后台或测控装置上对断路器控制操作，发现断路器测控装置继电器动作，但无法成功控制断路器动作，就可以确定是测控装置至操作箱存在故障。

（3）主站调度控制系统、后台或测控装置上对断路器进行控制，发现现场辅助操作继电器未动作，说明测控装置至操作箱间存在断路或虚连接。

（4）确定远方就地把手在远方位置，分合连接片在合位，用万用表直流档分别量测控装置至操作箱各位置对地电压差，没有发现故障，这样初步可以判定可能存在虚连接。

（5）将操作箱控制输入端打开，连接操作箱继电器相近负荷的警示负荷，喇叭或指示灯，主站调度控制系统、后台或测控装置上对断路器进行控制，观察到警示负荷无反应。通过这样的方法分别检查操作箱至操作箱端子排、操作箱端子排、操作箱端子排至测控装置端子排、测控装置端子排、测控装置至测控装置端子排，就可以检查虚连接位置，经过处理后故障消除。

（6）消除故障后，进行主站调度控制系统、后台或测控装置上进行控制试验，发现断路器已经能正常动作了，确定故障已经消除。

20. 综合自动化变电站断路器操作箱开出至现场辅助操作继电器存在断路

故障现象

主站调度控制系统、后台和测控装置上对断路器控制操作失败，且保护不能正常开出，但现场操作把手能直接正常操作。

故障处理步骤和方法

（1）保护不能正常开出，表明操作箱至现场一次设备间存在故障。

（2）通过现场操作把手能直接操作，表明现场一次设备本体、机构和内部回路没有问题。可以确定操作箱至现场操作辅助继电器间存在断路或虚连接。

（3）用万用表直流档分别测量现场分线箱端子、现场辅助操作继电器接入端、操作箱端子排、操作箱输出端子，根据各点的电压，就可以确定断路的位置，制定方案后，实施消除故障。

（4）消除故障后，进行主站调度控制系统、后台或测控装置上进行控制试验，发现断路器已经能正常动作了，确定故障已经消除。

21. 综合自动化变电站断路器操作箱开出至现场辅助操作继电器存在虚连接

🔋 故障现象

主站调度控制系统、后台和测控装置上对断路器控制操作失败，且保护不能正常开出，但现场操作把手能直接正常操作。

🔧 故障处理步骤和方法

（1）保护不能正常开出，表明操作箱至现场一次设备间存在故障。

（2）通过现场操作把手能直接操作，表明现场一次设备本体、机构和内部回路没有问题。可以确定操作箱至现场操作辅助继电器间存在断路或虚连接。

（3）用万用表直流档分别量现场分线箱端子、现场辅助操作继电器接入端、操作箱端子排、操作箱输出端子，都没有发现故障。可以初步判定断路器操作箱开出至现场辅助操作继电器间存在虚连接。

（4）将现场辅助操作继电器输入端打开，连接继电器相近负荷的警示负荷，喇叭或指示灯，主站调度控制系统、后台或测控装置上对断路器进行控制，观察到警示负荷无反应。通过这样的方法分别检查现场操作辅助继电器输入端、现场分线箱端子排、操作箱端子排、操作箱输出端，就可以检查虚连接位置，经过处理后故障消除。

（5）消除故障后，进行主站调度控制系统、后台或测控装置上进行控制试验，发现断路器已经能正常动作了，确定故障已经消除。

22. 断路器某相手合继电器（SHJ）损坏

故障现象

主站调度控制系统、后台控制某断路器跳闸没有问题，合闸两相动作，另一相未动作。但现场操作把手三相能正常操作。

故障处理步骤和方法

（1）主站调度控制系统、后台控制某断路器合闸，两相动作，另一相未动作，表明操作箱的其中一相开出、操作箱至现场辅助操作继电器回路存在断路或者现场操作辅助继电器存在故障。

（2）主站调度控制系统、后台或测控装置上对断路器进行控制，用万用表测量操作箱输出端每一相是否都开出了，发现某一项未开出，表明操作箱内部存在问题。假设 C 相存在问题，做控制合闸时，用万用表测量分别测量合 A 相（107A）、合 B 相（107B）、合 C 相（107C）。

测得 A 相为+110V，B 相为+110V，C 相为−110V，可确定 C 相手合继电器（SHJ）损坏，更换 C 相手合继电器（SHJ）插件后，故障消除。

（3）消除故障后，进行主站调度控制系统、后台或测控装置上进行控制试验，发现断路器已经能正常动作了，确定故障已经消除。

23. 断路器某相手跳继电器（STJ）损坏

故障现象

主站调度控制系统、后台控制某断路器合闸没有问题，跳闸两相动作，另一相未动作。现场操作把手三相能正常操作。

故障处理步骤和方法

（1）主站调度控制系统、后台控制某断路器跳闸，两相动作，另一相未动作，表明操作箱其中一相开出、操作箱至现场辅助操作继电器回路存在断路或者现场操作辅助继电器存在故障。

（2）主站调度控制系统、后台或测控装置上对断路器进行跳闸，用万用表量操作箱输出端每一相是否都开出了，发现某一项未开出，表明操作箱内部存在问题。假设 B 相存在问题，做控制跳闸时，用万用表测量分别测量第一组跳 A 相（137A）、第一组跳 B 相（137B）、第一组跳 C 相（137C）、第二组跳 A 相（237A）、第二组跳 B 相（237B）、第二组跳 C 相（237C）。

测得第一组跳 A 相（137A）为+110V、第一组跳 B 相（137B）为－110V、第一组跳 C 相（137A）为＋110V、第二组跳 A 相（137A）为+110V、第二组跳 B 相（137B）为－110V、第二组跳 C 相（137A）为+110V，可确定 B 相手跳继电器（STJ）损坏。更换 B 相手跳继电器（STJ）插件后，故障消除。

（3）消除故障后，进行主站调度控制系统、后台或测控装置上进行控制试验，发现断路器已经能正常动作了，确定故障已经消除。

24. 智能化变电站智能终端遥控部分故障

故障现象

主站调度控制系统、后台或测控装置上对断器、隔离开关、接地开关、变压器调压机构、消弧线圈调档机构等一次设备控制操作失败，但现场操作把手能直接正常操作。

故障处理步骤和方法

（1）现场操作把手能正常操作，而测控装置上对一次设备控制操作失败，可以说明测控装置到一次设备间存在故障。

（2）主站调度控制系统、后台或测控装置上对一次设备控制操作，用万用表直流档量智能终端控制输出端，发现无输出。但通过站内网络分析仪能够确定智能终端已经收到控制命令，就可以确定智能终端故障，通过更换板卡或软件升级，消除故障。

（3）消除故障后，进行主站调度控制系统、后台或测控装置上进行控制试验，发现断路器已经能正常动作了，确定故障已经消除。

25. 智能化变电站测控装置至智能终端通讯故障

故障现象

主站调度控制系统、后台或测控装置上对断路器、隔离开关、接地开关、变压器调压机构、消弧线圈调档机构等一次设备控制操作失败，但现场操作把手能直接正常操作。

故障处理步骤和方法

（1）现场操作把手能正常操作，而测控装置上对一次设备控制操作失败，可以说明测控装置到一次设备间存在故障。

（2）主站调度控制系统、后台或测控装置上对一次设备控制操作，用万用表直流档量智能终端控制输出端，发现无输出。再通过站内网络分析仪能够确定测控装置已经发出控制命令，但智能终端未收到控制命令，就可以确定测控装置与智能终端通讯存在故障，经过检查处理，故障消除。

（3）消除故障后，进行主站调度控制系统、后台或测控装置上进行控制试验，发现断路器已经能正常动作了，确定故障已经消除。

26. 智能化变电站测控装置控制配置存在问题

故障现象

主站调度控制系统、后台或测控装置上对断路器、隔离开关、接地开关、变压器调压机构、消弧线圈调档机构等一次设备控制操作失败，但现场操作把手能直接正常操作。

故障处理步骤和方法

（1）现场操作把手能正常操作，而测控装置上对一次设备控制操作失败，可以说明测控装置到一次设备间存在故障。

（2）测控装置上对一次设备控制操作，从站内网络分析上发现测控装置控制对象与实际一次设备不对应，说明测控配置存在问题，对配置进行修改，消除故障。

（3）消除故障后，进行主站调度控制系统、后台或测控装置上进行控制试验，发现断路器已经能正常动作了，确定故障已经消除。

第四章

遥信回路故障缺陷分析处理

1. 因某 220kV 线路间隔测控装置遥信空开跳闸，造成该间隔信号全不上传，并伴有遥信失电信号或装置闭锁信息

🧑 故障现象

主站调度控制系统、厂站监控系统后台无法正确显示 220kV 线路间隔遥信信息。

〽 故障处理步骤和方法

（1）仔细听取运行人员介绍故障情况及后台上送信号。

（2）到现场仔细观察测控装置运行情况，运行状态正常，到测控屏背面检查空开运行情况，发现空开跳闸状态。

（3）检查遥信电源的电压是否正常，绝缘是否合格，确认无问题后，把空开投入运行状态，故障消除。

2. 因某 220kV 线路间隔测控装置端子排接线遥信公共端虚连，造成该间隔信号无法上传

🧑 故障现象

主站调度控制系统、厂站监控系统后台无法正确显示 220kV 线路间隔遥信信息。

〽 故障处理步骤和方法

（1）根据图纸，对测控屏遥信二次回路进行梳理，在遥信单元端子排上找到故障遥信信息端子。

（2）测控装置运行状态正常，装置空开投入正常。

（3）用万用表测量端子电压，测得遥信公共端为 0V，检查发现该公共端端子螺丝松动，将螺丝紧固后故障消除。

3. 因某 220kV 线路间隔汇控柜内断路器常开节点遥信虚接，造成该断路器合位信号不上传

📛 故障现象

主站调度控制系统、厂站监控系统后台无法正确显示断路器位置。

📉 故障处理步骤和方法

（1）根据图纸，对测控屏遥信二次回路进行梳理，在遥信单元端子排上找到故障遥信信息端子。

（2）在线路测控装置短接断路器常开节点信号，后台变位正确，说明测控装置无异常。

（3）用万用表测量端子电压，测得遥信公共端为+110V，信号端电压为 0V，端子排螺丝紧固正常。

（4）根据图纸该信号从开关汇控柜来，到汇控柜找到该节点，检查发现该遥信端子螺丝松动，将螺丝紧固后故障消除。

4. 因某 220kV 线路间隔刀闸机构箱内刀闸常开节点虚接，造成该间隔刀闸合位信号不上传

📛 故障现象

主站调度控制系统、厂站监控系统后台无法正确显示该间隔刀闸位置。

📉 故障处理步骤和方法

（1）根据图纸，对测控屏遥信二次回路进行梳理，在遥信单元端子排上找到故障遥信信息端子。

（2）在线路测控装置短接刀闸常开节点信号，后台变位正确，说明测控装置无异常。

（3）用万用表测量端子电压，测得遥信公共端为+110V，信号端电压为 0V，端子排螺丝紧固正常。

（4）根据图纸该信号从刀闸机构箱来，到刀闸机构箱找到该节点,检查发现该遥信端子螺丝松动,将螺丝紧固后故障消除。

5. 因某 220kV 线路间隔测控装置断路器合位防抖时间长,在断路器变位时,主站、后台频发双位置不一致信息

🔋 故障现象

主站调度控制系统、厂站监控系统后台,每次断路器变位时,频发双位置不一致信息。

📉 故障处理步骤和方法

(1)仔细听取运行人员介绍故障情况及后台上送伴有双位置不一致信息。

(2)根据图纸,对测控屏遥信二次回路进行梳理,在遥信单元端子排上找到故障遥信信息端子。

(3)检查后台数据库设置的双位置遥信判断时间多少,并与测控装置遥信的防抖时间比较,发现后台遥信判断时间小于测控装置遥信防抖时间。

(4)并模拟断路器变位时,分、合开入是否同时变化,检查发现变化时间不一致。

(5)检查测控装置断路器防抖时间合位长于分位时间,改正后故障消除。

6. 因某 220kV 线路间隔测控装置遥信公共端与信号线芯接反,造成该间隔某信号常发,其他信号不动作

🔋 故障现象

主站调度控制系统、厂站监控系统后台无法正确显示该间隔遥信信息。

📉 故障处理步骤和方法

(1)根据图纸,对测控屏遥信二次回路进行梳理,在遥信单元端子排核对电缆。

（2）断开遥信直流，将该电缆公共端用万用表两端对地导通，校验该电缆芯，不导通，对其他电缆校线，找出公共端电缆芯。

（3）电缆恢复，信息上传正确，故障消除。

7. 因某 220kV 线路间隔测控装置断路器的常开、常闭节点接反，造成该间隔断路器位置与实际位置相反

🔋 故障现象

主站调度控制系统、厂站监控系统后台无法正确显示该间隔断路器遥信信息。

📉 故障处理步骤和方法

（1）根据图纸，对测控屏遥信二次回路进行梳理，在遥信单元端子排核对电缆。

（2）在断路器合位时，用万用表测量常闭节点+110V，在断路器分位时，常开节点为+110V，检查发现常开和常闭节点电缆接反，恢复后故障消除。

8. 因某主变压器本体间隔测控屏内本体重瓦斯、有载重瓦斯遥信端子虚接，造成该主变压器本体、有载重瓦斯遥信信号无法上传

🔋 故障现象

主站调度控制系统、厂站监控系统后台，无法收到某主变压器本体、有载重瓦斯信号。

📉 故障处理步骤和方法

（1）根据图纸，对测控屏遥信二次回路进行梳理，在遥信单元端子排上找到故障遥信信息端子。

（2）在主变压器本体测控装置短接重瓦斯信号，后台显示该遥信，说明后台关联正确。

（3）用万用表测量端子电压，测得遥信公共端为+110V，遥信重瓦斯为0V，检查发现该遥信端子螺丝松动，将螺丝紧固后故障

消除。

9. 因某主变压器本体间隔测控屏内油位异常遥信电缆虚接，造成信号无法上传

故障现象

主站调度控制系统、厂站监控系统后台，无法收到某主变压器本体油位异常信号。

故障处理步骤和方法

（1）根据图纸，对测控屏遥信二次回路进行梳理，在遥信单元端子排上找到故障遥信信息端子。

（2）在主变压器本体测控装置短接油位异常信号，后台显示该遥信，说明测控装置无异常。

（3）检查机械部分，端子排螺丝紧固正常。

（4）检查本体保护装置指示灯不亮，说明开入没进来，根据图纸到主变压器端子箱用万用表测量端子电压，遥信油位异常端子电压为 0V，检查发现该遥信端子螺丝松动，将螺丝紧固后故障消除。

10. 智能变电站中，某 220kV 线路智能终端遥信空开跳闸，该间隔遥信信息不上传

故障现象

主站调度控制系统、厂站监控系统后台无法正确显示 220kV 线路间隔遥信信息。

故障处理步骤和方法

（1）仔细听取运行人员介绍故障情况及后台上送信息。

（2）后台发现该间隔光子牌的光耦电源告警和装置告警信号发生。

（3）到现场仔细观察智能终端运行情况，发现装置报警和光耦电源异常信号灯常亮，发现遥信空开跳闸状态。

（4）检查遥信电源的电压是否正常，绝缘是否合格，确认无问题后，把空开投入运行状态，故障消除。

11. 智能变电站中，某 220kV 线路间隔汇控柜内断路器常开节点虚接，造成该间隔断路器位置不正确

🔧 **故障现象**

主站调度控制系统、厂站监控系统后台无法正确显示断路器合位置，分位置正确。

🔧 **故障处理步骤和方法**

（1）根据图纸，对智能终端遥信二次回路进行梳理，在遥信单元端子排上找到故障遥信信息端子。

（2）用万用表测量智能终端端子电压，测得遥信公共端为 +110V，断路器常开节点为 0V，端子排螺丝紧固正常。

（3）根据图纸该信号从开关汇控柜来，到汇控柜找到该节点，检查发现该遥信端子螺丝松动，将螺丝紧固后故障消除。

12. 智能变电站中，因某线路间隔虚端子接错，造成信息误报（以弹簧未储能过信号为例）

🔧 **故障现象**

主站调度控制系统、厂站监控系统后台无法收到某线路间隔弹簧未储能信号。

🔧 **故障处理步骤和方法**

（1）根据图纸检查该节点接在智能终端端子正确。

（2）检查虚端子表和 scd 文件不一致，发现该点应接在虚端子连线 goose 开入 10，但实际 scd 文件中接在 goose 开入 11 上，更改 scd 文件，重新下载测控装置配置。

（3）测控装置重启后，恢复正常，故障消除。

13. 因某220kV线路保护间隔测控屏内第一组控制回路断线遥信端子虚接，造成该间隔第一组控制回路断线遥信信号无法上传（以第一组控制回路断线遥信信号为例）

故障现象

主站调度控制系统、厂站监控系统后台无法收到某220kV线路间隔上传的第一组控制回路断线信号。

故障处理步骤和方法

（1）根据图纸，对测控屏遥信二次回路进行梳理，在遥信单元端子排上找到对应端子。

（2）用万用表测量端子电压，测得遥信公共端为+110V，遥信第一组控制回路断线为0V，检查发现该遥信端子螺丝松动，将螺丝紧固后故障消除。

14. 因某220kV线路间隔测控装置内距离一段保护出口遥信未关联，造成该间隔保护装置距离一段保护出口信号无法上传（以距离一段保护出口遥信软信号为例）

故障现象

主站调度控制系统、厂站监控系统后台无法收到某220kV线路间隔上传的距离一段保护出口信号。

故障处理步骤和方法

（1）根据故障信息找到相应保护间隔。

（2）在保护装置开出距离一段保护出口信号，后台、主站显示遥信无显示。开出其他信号，后台、主站均有显示，确定保护装置通讯正常。

（3）仔细检查后台遥信关联，距离一段保护出口信号未关联，重新关联该遥信后故障消除。

（4）或远动装置未转发此遥信，与主站人员联系增加该点遥信信息，在保护装置上开出此遥信，遥信信息上传正确后故障消除。

15. 因某 220kV 线路间隔保护装置内重合闸动作出口遥信继电器损坏，造成该间隔保护装置重合闸动作出口信号不上传（以重合闸动作出口遥信硬节点信号为例）

🧑 故障现象

主站调度控制系统、厂站监控系统后台无法收到某 220kV 线路间隔上传的重合闸出口信号。

〽 故障处理步骤和方法

（1）根据图纸，对测控屏遥信二次回路进行梳理，在遥信单元端子排上找到故障遥信信息端子，用万用表测量端子电压。测得遥信公共端为+110V，遥信重合闸出口为−110V，可排除测控装置无问题。

（2）根据图纸在保护装置找到重合闸出口遥信所在位置。开出重合闸出口信号，后台遥信无显示。开出其他信号，后台均有显示。仔细检查后台遥信关联，重合闸出口信号未关联，重新关联该遥信后故障消除。

16. 因某 220kV 线路间隔通讯板损坏，造成该间隔保护装置通道中断

🧑 故障现象

主站调度控制系统、厂站监控系统后台显示某 220kV 线路保护上传保护装置通道中断信号。

〽 故障处理步骤和方法

（1）检查测控装置运行状况，如果测控装置运行正常可排除因测控装置误发或装置插件损坏误报的问题。

（2）修改通道中断间隔纵联码，将本侧与对侧纵联码修改成一样值，使用尾纤把保护装置进行自环，通道依旧显示中断，可以确定保护装置通讯板损坏，更换保护装置通讯板后，故障消除。

17. 因某220kV线路间隔操作箱内第一组控制回路断线遥信继电器损坏，造成该间隔操作箱第一组控制回路断线信号不上传（操作箱以第一组控制回路断线信号为例）

故障现象

主站调度控制系统、厂站监控系统后台无法收到一直处于第一组控制回路断线的某220kV线路间隔上传的第一组控制回路断线信号。

故障处理步骤和方法

（1）根据图纸，对测控屏遥信二次回路进行梳理，在遥信单元端子排上找到故障遥信信息端子，用万用表测量端子电压。测得遥信公共端为+110V，遥信第一组控制回路断线为-110V，可排除测控装置存在问题。

（2）根据图纸在测控装置找到第一组控制回路断线遥信位置。开出第一组控制回路断线信号，后台显示遥信第一组控制回路断线，可排除测控遥信关联位置与名称定义存在问题。

（3）在保护屏操作箱测量故障遥信端子。测得遥信公共端为+110V，遥信第一组控制回路断线为-110V。装置一直处于第一组控制回路断线状态，根据所测得遥信电压可判断线路操作箱内上传第一组控制回路断线的信号继电器损坏，更换相应插件后故障消除。

18. 因某220kV线路间隔操作箱内第一组电压切换继电器同时动作遥信继电器损坏，造成该间隔操作箱第一组电压切换继电器同时动作信号不上传（保护屏以第一组电压切换继电器同时动作信号为例）

故障现象

主站调度控制系统、厂站监控系统后台无法收到一直处于第一组电压切换继电器同时动作的某220kV线路间隔上传的第一组电压切换继电器同时动作信号。

故障处理步骤和方法

（1）根据图纸，对测控屏遥信二次回路进行梳理，在遥信单元端子排上找到故障遥信信息端子，用万用表测量端子电压。测得遥信公共端为+110V，遥信第一组电压切换继电器同时动作为−110V，可排除测控装置存在问题。

（2）根据图纸在测控装置找到第一组电压切换继电器同时动作遥信所在位置。开出第一组电压切换继电器同时动作信号，后台显示遥信第一组电压切换继电器同时动作，可排除测控遥信关联位置与名称定义存在问题。

（3）在保护装置测量故障遥信端子。测得遥信公共端为+110V，遥信第一组电压切换继电器同时动作为−110V。装置一直处于第一组电压切换继电器同时动作状态，根据所测得遥信电压可判断线路操作箱内上传第一组电压切换继电器同时动作的信号继电器损坏，更换相应插件后故障消除。

19. 因某 220kV 线路间隔汇控柜内储能超时告警遥信继电器损坏，造成该间隔储能超时告警信号不上传（汇控柜以储能超时告警信号为例）

故障现象

主站调度控制系统、厂站监控系统后台无法收到一直处于储能超时告警的某 220kV 线路间隔上传的储能超时告警信号。

故障处理步骤和方法

（1）根据图纸，对测控屏遥信二次回路进行梳理，在遥信单元端子排上找到故障遥信信息端子，用万用表测量端子电压。测得遥信公共端为+110V，遥信储能超时告警为−110V，可排除测控装置存在问题。

（2）根据图纸在测控装置找到储能超时告警遥信所在位置。开出储能超时告警信号，后台显示遥信储能超时告警，可排除测控遥信关联位置与名称定义存在问题。

（3）在汇控柜内测量故障遥信端子。测得遥信公共端为+110V，遥信储能超时告警为−110V。装置一直处于储能超时告警状态，根据所测得遥信电压可判断线路汇控柜内上传储能超时告警的信号继电器损坏，更换相应插件后故障消除。

20. 因某220kV线路间隔汇控柜内断路器气室低气压报警遥信接错位置，造成该间隔断路器气室低气压报警信号不上传（汇控柜以断路器气室低气压报警信号为例）

故障现象

主站调度控制系统、厂站监控系统后台无法收到一直处于断路器气室低气压报警的某220kV线路间隔上传的断路器气室低气压报警信号。

故障处理步骤和方法

（1）根据图纸，对测控屏遥信二次回路进行梳理，在遥信单元端子排上找到故障遥信信息端子，用万用表测量端子电压。测得遥信公共端为+110V，遥信断路器气室低气压报警为−110V，可排除测控装置存在问题。

（2）根据图纸在测控装置找到断路器气室低气压报警遥信所在位置。开出断路器气室低气压报警信号，后台显示遥信断路器气室低气压报警，可排除测控遥信关联位置与名称定义存在问题。

（3）根据图纸仔细检查发现，遥信断路器气室低气压报警接错位置。重新接线紧固后，故障消除。

21. 因某公用测控屏母线保护装置异常遥信未关联，造成该母线保护装置异常遥信信号不上传（以母线保护装置异常遥信硬节点信号为例）

故障现象

主站调度控制系统、厂站监控系统后台无法收到母线保护装置异常信号。

故障处理步骤和方法

（1）根据图纸，对公用测控屏遥信二次回路进行梳理，在遥信单元端子排上找到故障遥信信息端子，用万用表测量端子电压。测得遥信公共端为+110V，遥信母线保护装置异常为−110V，可排除测控装置存在问题。

（2）根据图纸在保护装置找到母线保护装置异常遥信所在位置。开出母线保护装置异常信号，后台遥信无显示。开出其他信号，后台均有显示。仔细检查后台遥信关联，母线保护装置异常信号未关联，重新关联该遥信后故障消除。

22. 因某变压器操作箱内第一组控制回路断线遥信继电器损坏，造成该变压器操作箱第一组控制回路断线信号无法上传（操作箱以第一组控制回路断线信号为例）

故障现象

主站调度控制系统、厂站监控系统后台无法收到一直处于第一组控制回路断线的某变压器上传的第一组控制回路断线信号。

故障处理步骤和方法

（1）根据图纸，对变压器测控屏遥信二次回路进行梳理，在遥信单元端子排上找到故障遥信信息端子，用万用表测量端子电压。测得遥信公共端为 +110V，遥信变压器第一组控制回路断线为 −110V，可排除测控装置存在问题。

（2）根据图纸在变压器测控装置找到变压器第一组控制回路断线遥信所在位置。开出变压器第一组控制回路断线信号，后台显示遥信变压器第一组控制回路断线，可排除测控遥信关联位置与名称定义存在问题。

（3）在变压器操作箱测量故障遥信端子。测得遥信公共端为 +110V，遥信变压器第一组控制回路断线为 −110V。装置一直处于第一组控制回路断线状态，根据所测得遥信电压可判断线路操作箱内上传变压器第一组控制回路断线的信号继电器损坏，更换相应插件后故障消除。

23. 因某变压器间隔汇控柜内交流电源断电遥信继电器损坏，造成该间隔交流电源断电信号不上传（汇控柜以交流电源断电信号为例）

故障现象

主站调度控制系统、厂站监控系统后台无法收到一直处于交流电源断电的某 220kV 线路间隔上传的交流电源断电信号。

故障处理步骤和方法

（1）根据图纸，对测控屏遥信二次回路进行梳理，在遥信单元端子排上找到故障遥信信息端子，用万用表测量端子电压。测得遥信公共端为+110V，遥信交流电源断电为−110V，可排除测控装置存在问题。

（2）根据图纸在测控装置找到交流电源断电遥信所在位置。开出交流电源断电信号，后台显示交流电源断电信息正确，可排除测控遥信关联位置与名称定义存在问题。

（3）在汇控柜内测量故障遥信端子。测得遥信公共端为+110V，遥信交流电源断电为−110V。装置一直处于交流电源断电状态，根据所测得遥信电压可判断线路汇控柜内上传交流电源断电的信号继电器损坏，更换相应插件后故障消除。

24. 因某 220kV 线路间隔汇控柜内弹簧未储能遥信接错位置，造成该间隔弹簧未储能信号不上传（汇控柜以弹簧未储能信号为例）

故障现象

主站调度控制系统、厂站监控系统后台无法收到一直处于弹簧未储能的某 220kV 线路间隔上传的弹簧未储能信号。

故障处理步骤和方法

（1）根据图纸，对测控屏遥信二次回路进行梳理，在遥信单元端子排上找到故障遥信信息端子，用万用表测量端子电压。测得遥信公共端为+110V，遥信弹簧未储能为−110V，可排除测控装置存在问题。

（2）根据图纸在测控装置找到弹簧未储能遥信所在位置。开出弹簧未储能信号，后台显示遥信弹簧未储能，可排除测控遥信关联位置与名称定义存在问题。

（3）根据图纸仔细检查发现，遥信弹簧未储能接错位置。重新接线紧固后，故障消除。

25. 因某变压器非电量保护装置内本体油位异常遥信继电器损坏，造成该变压器保护本体油位异常信号不上传（以本体油位异常遥信硬节点信号为例）

故障现象

主站调度控制系统、厂站监控系统后台无法收到某变压器保护装置上传的本体油位异常信号。

故障处理步骤和方法

（1）根据图纸，对变压器测控屏遥信二次回路进行梳理，在遥信单元端子排上找到故障遥信信息端子，用万用表测量端子电压。测得遥信公共端为+110V，遥信变压器本体油位异常为−110V，可排除测控装置存在问题。

（2）根据图纸在保护装置找到变压器本体油位异常遥信所在位置。开出变压器本体油位异常信号，后台遥信无显示。开出其他信号，后台均有显示。仔细检查后台遥信关联，变压器本体油位异常信号未关联，重新关联该遥信后故障消除。

26. 因某变压器间本体油位异常遥信继电器损坏，造成该变压器本体油位异常电信号不上传（以变压器本体油位异常信号为例）

故障现象

主站调度控制系统、厂站监控系统后台无法收到一直处于变压器本体油位异常的某 220kV 线路间隔上传的变压器本体油位异常信号。

故障处理步骤和方法

（1）根据图纸，对变压器测控遥信二次回路进行梳理，在遥信单元端子排上找到故障遥信信息端子，用万用表测量端子电压。测得遥信公共端为+110V，遥信变压器本体油位异常为−110V，可排除测控装置存在问题。

（2）根据图纸在测控装置找到变压器本体油位异常遥信所在位

置。开出变压器本体油位异常信号，后台显示遥信变压器本体油位异常，可排除测控遥信关联位置与名称定义存在问题。

（3）在变压器本体测量故障遥信端子。测得遥信公共端为+110V，遥信变压器本体油位异常为-110V。装置一直处于变压器本体油位异常状态，根据所测得遥信电压可判变压器本体上传变压器本体油位异常的信号继电器损坏，更换相应插件后故障消除。

27. 因某变压器间本体压力释放遥信接错位置，造成该变压器本体压力释放信号不上传（变压器间本体以压力释放信号为例）

⚡ 故障现象

主站调度控制系统、厂站监控系统后台无法收到一直处于本体压力释放的某 220kV 线路间隔上传的变压器本体油位异常信号。

⚡ 故障处理步骤和方法

（1）根据图纸，对变压器测控屏遥信二次回路进行梳理，在遥信单元端子排上找到故障遥信信息端子，用万用表测量端子电压。测得遥信公共端为+110V，遥信本体压力释放为-110V，可排除变压器测控装置存在问题。

（2）根据图纸在变压器测控装置找到本体压力释放遥信所在位置。开出本体压力释放信号，后台显示遥信本体压力释放，可排除测控遥信关联位置与名称定义存在问题。

（3）根据图纸仔细检查发现，遥信本体压力释放接错位置。重新接线紧固后，故障消除。

28. 因某电容器间隔保护装置内控制回路断线遥信继电器损坏，造成该电容器间隔保护装置控制回路断线信号不上传（以电容器控制回路断线遥信硬节点信号为例）

⚡ 故障现象

主站调度控制系统、厂站监控系统后台无法收到某电容器间隔上传的控制回路断线信号。

故障处理步骤和方法

（1）根据图纸，对电容器测控遥信二次回路进行梳理，在遥信单元端子排上找到故障遥信信息端子，用万用表测量端子电压。测得遥信公共端为+110V，遥信控制回路断线为−110V，可排除测控装置机械部分存在问题。

（2）根据图纸在保护装置找到控制回路断线遥信所在位置。开出控制回路断线信号，后台遥信无显示。开出其他信号，后台均有显示，可排除保护装置通讯故障。

（3）仔细检查后台遥信关联，控制回路断线信号未关联，重新关联该遥信后故障消除。

（4）或远动装置未转发此遥信，与主站人员联系增加该点遥信信息，在保护装置上开出此遥信，遥信信息上传正确后故障消除。

29. 因某电容器间隔测控装置内过流一段保护出口遥信未关联，造成该电容器间隔保护装置过流一段保护出口信号不上传（以电容器过流一段保护出口遥信软信号为例）

故障现象

主站调度控制系统、厂站监控系统后台无法收到某电容器间隔上传的过流一段保护出口信号。

故障处理步骤和方法

（1）根据图纸在电容器保护装置找到过流一段保护出口遥信所在位置。

（2）在保护装置开出过流一段保护出口信号，后台显示遥信无显示。开出其他信号，后台均有显示，可排除保护装置通讯故障。

（3）仔细检查后台遥信关联，过流一段保护出口信号未关联，重新关联该遥信后故障消除。

（4）或远动装置未转发此遥信，与主站人员联系增加该点遥信信息，在保护装置上开出此遥信，遥信信息上传正确后故障消除。

30. 调度主站系统收不到下辖变电站的合成信号，使用"与""或"逻辑关系错误（以全站事故总为例）

故障现象

主站调度控制系统收不到下辖电站的全站事故总信号，但厂站监控系统的后台信号上送正确。

故障处理步骤和方法

因后台信号上送正确，说明接线没有问题，则故障一定发生在远动组态中，首先检查通道是否正确，之后检查全站事故总合成信号逻辑是否使用正确，发现逻辑使用的"与"错误，应使用"或"逻辑，修改后上传正确，故障消除。

31. 调度主站系统一直接收合成信号动作，但站内对应信号已复归，延时复归逻辑未配置（以全站事故总为例）

故障现象

调度主站系统接收到站内全站事故总信号，但10s后不复归且站内事故以消除完毕。

故障处理步骤和方法

（1）检查站内事故是否已消除，发现后台无报警信息，排除站内无事故。

（2）检查远动组态配置是否添加延时复归逻辑，发现没配置，按国网要求设置延时10s后自动复归，修改后，从新下装远动配置参数，调度主站全站事故总信号复归，故障消除。

32. 某变电站合成信号合成错误导致长发或者不发，如全站事故总、间隔事故总等信号（以全站事故总为例）

故障现象

调度主站控制系统、厂站监控系统后台全站事故总信号常动作不复归。

故障处理步骤和方法

（1）检查远动组态查看合成信号是否正确，是否按国网要求信息合成全站事故总。

（2）检查发现全站事故总信号合成的信号里有多余的长发信息，删除此遥信信息，从新下装远动配置参数，全站事故总信号复归，故障消除。

33. 某变电站互发信号不上传或错误（如测控装置失电信号由相邻间隔测控装置发出）

故障现象

主站调度控制系统、厂站监控系统后台收不到相邻间隔装置失电的互发信号。

故障处理步骤和方法

根据二次图纸检查该互发信号的接线，用万用表量该端子与地之间的电位，发现电位为"0"，则接线错误，根据图纸改正接线位置，故障消除。

34. 某变电站网络通讯中断信号与调度监控系统显示信息不一致

故障现象

调度主站控制系统接收到的通讯信号与实际信号相反。

故障处理步骤和方法

（1）首先检查后台通讯配置图中，该间隔通讯中断显示与实际位置一致，发现数据库组态中，该遥信位置已取反。

（2）检查远动组态配置上传是否也取反，发现该点未取反，修改后，从新下装远动配置参数，调度主站系统显示正确，故障消除。

35. 某变电站规约转换机与其他厂家设备通讯线虚接，导致该装置串口信息不上传（以直流系统与规约转换装置通讯为例）

故障现象

主站调度控制系统、厂站监控系统后台无法收到该变电站直流系统的遥信信息。

故障处理步骤和方法

（1）与相关设备厂家联系，确定通讯线两端节点位置，首先检查规约转换装置背板处接线是否正确并螺丝紧固，故障仍发生，排除规约转换器处故障。

（2）到直流系统通讯主机后检查发现该端子排接线松动，紧固后，通讯正常，故障消除。

第五章

遥测回路故障缺陷分析处理

1. 变电站电流互感器测量二次回路有某两相接反，以 A 相和 C 相接反为例

🖼 故障现象

主站调度控制系统、厂站监控系统后台出现该间隔电压、电流大小无误，但有功功率、无功功率、功率因数与实际都存在较大差异。

📊 故障处理步骤和方法

（1）检查测控装置，查看该间隔的电压、电流、有功功率、无功功率、功率因数，发现电压、电流大小都与实际相符，但功率因数较小，有功较小，无功较大，测控若能观察到分相功率，可以发现 A、C 相有功较小，无功较大，B 相有功无功与实际相符，可以肯定 A、C 相功角存在问题；若不能观察到分相功率，也可以肯定功角存在问题。如测控装置能显示相位和相序，可以直接看到 A、C 相不正确。

（2）用相位表测量测控装置端子排电缆侧电流，发现 A、C 相相位不正确。根据图纸，对电流二次回路进行梳理并检查，发现在测控端子排 A 相和 C 相接反。

（3）做好安全措施，在端子箱将电流回路封死，在测控装置端子排将 A、C 相电流接入对调，解除安全措施后，该间隔所有遥测全部与实际相符。

（4）做好记录，等待该间隔停电后，对该电流回路进行全面梳理检查，调整标示和配线。

2. 电流互感器端子箱端子处测量卷接线错误，以 A 相接 B 相，B 相接 C 相，C 相接 A 相为例

故障现象

某线路间隔，三相负载是平衡的，从系统潮流分析是送出的感性负载。主站调度控制系统、厂站监控系统后台出现该间隔电压正常、电流大小看不出异常，但有功、无功、功率因数与实际都存在较大差异。

故障处理步骤和方法

（1）检查测控装置，查看该间隔的电压、电流，因为三相负载是平衡的，该间隔电压正常、电流大小看不出异常。

（2）用相位表测遥测端子排电缆侧电流，A 相电流跟 A 相电压相差角度大于 90°小于 180°，B 相电流跟 B 相电压相差角度大于 90°小于 180°，C 相电流跟 C 相电压相差角度大于 90°小于 180°，测得 A、B、C 相电流跟电压相差角度相同，可以确定电流互感器二次回路接线存在异常。

（3）根据图纸，对电流二次回路进行梳理并检查，在电流互感器汇控柜端子箱处找到故障遥测信息端子，发现端子排 A 相、B 相、C 相接错位置，角度存在问题。

（4）在电流互感器端子箱端子，把从电流互感器下来的电流端子短接，断开回路，把外侧电缆线重新接入，接好后电流互感器回路恢复，用相位表检查测控装置电流、电压，角度恢复正常，则电流互感器测量回路恢复正常。

3. 电流互感器测量二次回路因电流 B 相部分开路造成有功、无功异常

故障现象

主站调度控制系统、厂站监控系统后台出现某间隔有功、无功偏小。

故障处理步骤和方法

（1）检查测控装置，查看该间隔的电压、电流、有功功率、无功功率、功率因数，发现电压正常、A 相和 C 相电流大小和相位正常，B 相没有电流，有功、无功偏小，可以初步确定 B 相存在问题。

（2）用钳形电流表量遥测端子排电缆侧电流，发现 B 相电流为零，排除测控装置采样存在异常，可以确定电流互感器二次回路存在异常。

（3）根据图纸，对电流互感器二次回路进行检查，发现 B 相电流回路在端子排处的螺丝有松动，有放电痕迹，电流虚接造成 B 相开路。申请停电，对电流互感器开放处进行处理。

（4）电流互感器回路处理完毕后进行带负荷检验，该间隔所有遥测全部正确。

4. 因电流互感器端子箱端子排锈蚀，造成电流测控回路某相部分开路

故障现象

主站调度控制系统、厂站监控系统后台出现某间隔的电流值偏小，有功、无功偏小，与实际不符。

故障处理步骤和方法

（1）检查测控装置，查看该间隔的电压、电流、有功功率、无功功率、功率因数，发现电压正常、电流偏小几乎为零，有功、无功偏小。

（2）用钳形电流表量遥测端子排电缆侧电流，发现电流几乎为零，排除测控装置采样存在异常，可以确定电流互感器二次回路存在异常。

（3）根据图纸，对电流二次回路进行梳理并检查，在屋外电流互感器端子箱处找到故障遥测信息端子，发现端子排锈蚀严重，存在放电现象。

（4）申请停电处理，更换锈蚀端子排，并按图纸检查更换端子排后接线正确，必要时，可以用标准源在端子排二次侧绕组加电流测试电流互感器回路是否正常。

5. 因电流互感器端子箱处 C 相电流被误封，导致 C 相遥测电流为零

故障现象

主站调度控制系统、厂站监控系统后台出现某间隔 C 相电流值为零，与实际不符。

故障处理步骤和方法

（1）检查测控装置，查看该间隔的电压、电流、有功功率、无功功率、功率因数，发现电压正常、C 相电流为零，有功、无功偏小。

（2）用钳形电流表量遥测端子排电缆侧电流，发现电流几乎为零，排除测控装置采样存在异常，可以确定电流互感器二次回路存在异常。

（3）根据图纸，对电流二次回路进行梳理并检查，在屋外电流互感器端子箱处找到故障遥测信息端子，发现 C 相电流被误封。

（4）申请停电处理，按图纸设计修改，将被封的 C 相电流出线端打开，故障消除。

6. 因电流互感器二次绕组中保护和测量接线用反，造成遥测精度降低，遥测量偏差较大

故障现象

主站调度控制系统、厂站监控系统后台出现某间隔的电流值与实际值有偏差。

故障处理步骤和方法

（1）检查测控装置，查看该间隔的电压、电流、有功功率、无功功率、功率因数，发现电压正常、电流值与保护装置采样值偏差较大。

（2）用钳形电流表量遥测端子排电缆侧电流，发现电流大小与测控装置相同，排除测控装置采样存在异常。

（3）根据图纸，对电流二次回路进行梳理和检查，确保二次接线不存在分流和端子虚接现象。

（4）申请停电处理，用电流互感器测试仪对电流互感器伏安特性进行测试，发现接入测控装置伏安特性比接入保护装置伏安特性高，可以确定电流互感器二次绕组测控卷和保护卷用反了，将其更换过来，故障消除。

7. 因电流互感器二次绕组变比选择错误，造成遥测量为实际负荷值一半

故障现象

主站调度控制系统、厂站监控系统后台出现某间隔的电流值与实际值有偏差，为实际负荷值一半。

故障处理步骤和方法

（1）检查测控装置，查看该间隔的电压、电流、有功功率、无功功率、功率因数，发现电压正常、电流值为保护装置采样值一半。

（2）用钳形电流表量遥测端子排电缆侧电流，发现电流大小与测控装置相同，排除测控装置采样存在异常。

（3）检查设计资料，确定测量变比，对电流互感器二次出线进行检查，确保带抽头的二次绕组接线符合设计要求的变比，更改后遥测量恢复正常。

8. 因电流互感器二次出线中 C 相首尾接线错误（非极性端出线）导致有功、无功与实际值不符

故障现象

主站调度控制系统、厂站监控系统后台出现某间隔 C 相电流大小正常，相位不对，有功、无功偏小。

故障处理步骤和方法

（1）检查测控装置，查看该间隔的电压、电流、有功功率、无功功率、功率因数，发现电压正常、C 相电流大小正常，但相位与正常值相差 180°，N 相电流偏大，有功功率、无功功率偏小。

（2）用钳形电流表量遥测端子排电缆侧 C 相电流，发现电流大

小和相位与测控装置一样，排除测控装置采样存在异常，可以确定电流互感器二次回路存在异常。

（3）根据图纸，对电流二次回路进行梳理并检查，在屋外电流互感器端子箱处找到故障遥测信息端子，发现端子排互感器侧 C 相首尾接线接反。

（4）申请停电处理，按图纸设计修改，将端子排互感器侧 C 首尾接线对调，故障消除。

9. 单相电流互感器二次侧至端子箱电缆多点短路或对地短路，导致电流互感器二次侧电流值异常

故障现象

主站调度控制系统、厂站监控系统后台收到的此相电流值比其他两相的电流值小，有功功率、无功功率也不正确。

故障处理步骤和方法

（1）用钳形电流表在测控的电流回路测量，故障现象和主站调度控制系统、厂站监控系统后台显示的一样。可判断测控装置没有问题，为电流互感器二次回路问题。

（2）逐级检查电流回路，可判断电流互感器端子箱至电流互感器的电缆存在问题。

（3）对电流互感器进行停电，将电流互感器二次侧电缆与电流互感器断开，测量二次侧电缆绝缘，发现电缆对地短路或多点短路，确定故障部位，维修或更换电缆，故障消除。

10. 智能化变电站电流互感器测量二次回路有某两相接反，以 A 相和 C 相接反为例

故障现象

主站调度控制系统、厂站监控系统后台出现该间隔电压、电流大小无误，但有功、无功、功率因数与实际都存在较大差异。

故障处理步骤和方法

（1）检查测控装置，查看该间隔的电压、电流、有功功率、无功功率、功率因数，发现电压、电流大小都与实际相符，但功率因数较小，有功功率较小，无功功率较大，测控若能观察到分相功率，可以发现 A、C 相有功较小，无功较大，B 相有功无功与实际相符，可以肯定 A、C 相功角存在问题；若不能观察到分相功率，也可以肯定功角存在问题。如测控装置能显示相位和相序，可以直接看到 A、C 相不正确。

（2）通过网络分析仪（或者其他报文监测设备）监测该间隔 SV 报文，解析出该间隔上送的遥测信息，发现 A、C 相电压电流相角存在问题，相序接反了。但暂时仍然不能确定是在哪个位置接反，可能为合并单元内部故障，或者电流互感器接入就存在错误。

（3）通过相关端口，调用合并单元内该间隔相关遥测信息，可以发现合并单元显示信息和测控相同，A、C 相电压电流相角存在问题，相序接反了。

（4）用相位表测量合并单元端子排电缆侧电流，发现 A、C 相相位不正确。根据图纸，对电流二次回路进行梳理并检查，发现在合并单元端子排 A 相和 C 相接反。

（5）做好安全措施，需要将电流接入端封死，将 A、C 相电流接入对调，解除安全措施后，该间隔所有遥测全部与实际相符。

（6）做好记录，等待该间隔停电后，对该电流回路进行全面梳理检查，调整标示和配线。

11. 智能变电站电流互感器测量二次回路因电流 B 相部分开路造成有功、无功异常

故障现象

主站调度控制系统、厂站监控系统后台出现某间隔有功功率、无功功率偏小。

故障处理步骤和方法

（1）检查测控装置，查看该间隔的电压、电流、有功功率、无功功率、功率因数，发现电压正常、A 相和 C 相电流大小和相位正常，B 相没有电流，有功、无功偏小，可以初步确定 B 相电流存在问题。

（2）通过网络分析仪监测该间隔 SV 报文，解析出该间隔上送的遥测信息，发现 B 相电流确实存在问题。可能是合并单元配置（如虚端子连线）存在问题，也可能是电流互感器回路本身存在问题。

（3）通过相关端口，调用合并单元内该间隔相关遥测信息，可以发现合并单元显示信息和测控相同，B 相没有 SV 报文，至此可以初步判断是 B 相电流互感器回路存在问题。

（4）对电流互感器二次回路进行检查，发现 B 相电流回路在端子排处的螺丝有松动，有放电痕迹，电流虚接造成 B 相开路。申请停电，对电流互感器开放处进行处理。

12. 因某间隔 C 相电压接地，造成有功、无功异常

故障现象

主站调度控制系统、厂站监控系统后台出现某间隔有功功率、无功功率偏小。

故障处理步骤和方法

（1）检查测控装置，查看该间隔的电压、电流、有功功率、无功功率、功率因数，电流大小和相位正确，电压 A 相和 B 相正常，C 相偏小。可以确定 C 相电压回路存在异常。

（2）做好安全措施，将电压回路在空开处断开，对照设计图纸，通过万用表对电压回路进行全面检查，发现二次回路接线正确。用 1000V 摇表来测电压回路绝缘，发现 C 相绝缘较低，确定故障是由 C 相回路电缆损坏绝缘降低造成的，更换电缆后，异常恢复。

13. 因遥测电压端子排处 A 相开路，造成遥测 A 相电压为零

故障现象

主站调度控制系统、厂站监控系统后台出现某间隔 A 相电压偏低或为零，相应的有功、无功偏低，与实际不符。

故障处理步骤和方法

（1）检查测控装置，查看该间隔的电压、电流、有功功率、无功功率、功率因数，电流大小和相位正确，电压 B 相和 C 相正常，

A 相偏小或为零。可以确定 A 相电压回路存在异常。

（2）根据图纸，对电压二次回路进行梳理，在遥测单元端子排上找到故障遥测信息端子，测量端子 A 相设备侧和电缆侧电压。发现端子排设备侧电压为零，电缆侧电压正常，重新连接设备侧电缆，紧固设备侧端子排螺丝，若故障仍未消除，则确定是端子排本身故障，仔细检查可以发现，端子排 A 相电压连片没有连好，螺丝松动，将连片连好紧固螺丝后故障消除。

14. 因遥测电压端子排处 A 相电缆虚接，造成遥测 A 相电压偏低或为零

故障现象

主站调度控制系统、厂站监控系统后台出现某间隔 A 相电压偏低或为零，相应的有功功率、无功功率偏低，与实际不符。

故障处理步骤和方法

（1）检查测控装置，查看该间隔的电压、电流、有功功率、无功功率、功率因数，电流大小和相位正确，电压 B 相和 C 相正常，A 相偏小或为零。可以确定 A 相电压回路存在异常。

（2）根据图纸，对电压二次回路进行梳理，在遥测单元端子排上找到故障遥测信息端子，测量端子 A 相设备侧和电缆侧电压。发现端子排电缆侧电压存在问题，打开 PT 接入电缆（注意防止电缆芯接地），测量 A 相电缆芯电压，发现 PT 输入电压正常。仔细检查电缆，发现端子排有压电缆皮的现象，从而造成电缆虚接，重新连接后故障消除。

15. 某线路间隔测控端子处电压接线错误，以 A 相接 B 相，B 相接 C 相，C 相接 A 相为例

故障现象

某线路间隔，三相电压是对称的，从系统潮流分析是送出的感性负载。主站调度控制系统、厂站监控系统后台出现该间隔电流正常、电压大小看不出异常，但有功功率、无功功率、功率因数与实

际都存在较大差异。

故障处理步骤和方法

（1）检查测控装置，查看该间隔的电压、电流，因为三相电压是对称的，该间隔电流正常、电压大小看不出异常。

（2）用相位表在测控装置端子排测量间隔电压与 PT 电压的相位，发现同相相差 120°，可以确定间隔 PT 二次回路接线存在异常。

（3）根据图纸，对电压二次回路进行梳理并检查，在测控装置端子处发现端子排 A 相、B 相、C 相接错位置。做好安全措施，重新接线后恢复正常。

16. 因电压互感器开三角接线错误，造成 $3U_0$ 电压异常

故障现象

主站调度控制系统、厂站监控系统后台出现 $3U_0$ 电压异常偏大。

故障处理步骤和方法

（1）根据图纸，对电压二次回路进行梳理，用万用表在端子排量开口三角电压，发现电压异常偏大（为两倍相电压），初步怀疑是电压二次接线错误。

（2）申请停电处理，对 TV 二次回路进行查线，发现某一相极性接反，按设计图纸修改接线后故障消除。

17. 因 $3U_0$ 电压的 N 端子虚接，造成 $3U_0$ 电压异常

故障现象

主站调度控制系统、厂站监控系统后台 A、B、C 三相电压正常，而 $3U_0$ 电压出现时大时小波动，最大时达到正常三相平衡时的二倍。

故障处理步骤和方法

（1）根据图纸，对电压二次回路进行梳理，用万用表在端子排

量开口三角电压，发现电压波动和时大时小波动现象和主站调度控制系统、厂站监控系统后台显示的一致，排除测控装置存在异常，初步怀疑是 $3U_0$ 电压回路问题。

（2）对 $3U_0$ 电压回路进行检查，发现 $3U_0$ 电压回路的 N 端子虚接，该端子拧紧后故障消除。

18. 因遥测电压端子排处虚短路，导致遥测电压量异常

故障现象

主站调度控制系统、厂站监控系统后台显示某间隔电压为零，与实际不符。

故障处理步骤和方法

（1）检查测控装置，查看该间隔的电压、电流、有功功率、无功功率、功率因数，发现电压量为零，可以确定电压回路存在异常。

（2）检查电压二次回路，发现电压空开跳了，合上空开，发现再次跳开，可以确定电压回路存在短路。根据图纸，对电压二次回路进行梳理，在遥测单元端子排上找到故障遥测信息端子，发现存在误碰、虚短路现象。用万用表量端子发现为导通状态，更换故障端子发现故障消除（更换时注意不要误碰到其他端子，拆下本端子两端的接线也要用绝缘胶带包好）。

19. 因遥测电压端子排处接线没有 N 相，造成遥测电压量异常

故障现象

某间隔测控装置显示单相电压量与实际值有偏差，而相间电压正常。

故障处理步骤和方法

（1）检查测控装置，查看该间隔的电压、电流、有功功率、无功功率、功率因数，发现电压量单相有点虚，变化幅度和频率较大，而相间电压正常，可以确定电压回路存在异常。

（2）根据图纸，对电压二次回路进行梳理，在遥测单元端子排上找到故障遥测信息端子，发现端子排外接电缆缺少 N 相。

（3）申请停电处理，将缺少的 N 相电缆按设计图纸配线，在遥测单元端子模拟输入电压后发现故障消除。

20. 主变压器测温电阻回路接线错误，造成主变压器油温异常

🔲 故障现象

某主变压器更换后，主站调度控制系统、厂站监控系统后台显示主变压器油温是-50℃，与实际温度不符。

🔲 故障处理步骤和方法

（1）断开主变压器温度变送器的热电阻输入回路端子，测量电阻值为零，而另外两根线间有电阻值（正常应该是零），可以判断更换主变后热电阻的三根接线错误。

（2）根据图纸，检查热电阻输入回路，在主变压器端子箱处找到错误点，重新连接主变压器油温热电阻的三根线，主站调度控制系统、厂站监控系统后台主变压器油温的显示恢复正常。

21. 主变压器测温电阻回路端子松动虚接，造成主变压器油温异常

🔲 故障现象

主站调度控制系统、厂站监控系统后台显示主变压器油温是100℃，与实际温度不符。

🔲 故障处理步骤和方法

（1）断开主变压器温度变送器的热电阻输入回路端子，测量电阻值为无穷大。检查热电阻输入回路，在主变压器端子箱处发现热电阻回路端子螺丝松动虚接。

（2）在主变压器端子箱处发现重新拧紧螺丝后，主站调度控制系统、厂站监控系统后台主变压器油温的显示恢复正常。

22. 主变压器温度变送器故障，造成主变压器油温异常

🔲 故障现象

主站调度控制系统、厂站监控系统后台显示主变压器油温与实

际温度不符。

故障处理步骤和方法

（1）断开主变压器温度变送器的热电阻输入回路端子，测出电阻值，查电阻分度值表，温度和实际值是相符的。

（2）测量温度变送器的直流电压输出，与温度对应的直流电压值不符，判断是温度变送器故障。

（3）更换主变压器温度变送器，主站调度控制系统、厂站监控系统后台主变压器油温的显示恢复正常。

23. 直流电压变送器故障，造成直流控制母线电压显示异常

故障现象

主站调度控制系统、厂站监控系统后台显示直流控制母线电压0V，与实际不符。

故障处理步骤和方法

（1）用万用表测量控制母线电压变送器输入是 225V，可以确定变电站控制母线电压是正常的。

（2）测量控制母线电压变送器输出是 0V，可以判断是控制母线电压变送器故障。

（3）更换控制母线电压变送器，主站调度控制系统、厂站监控系统后台直流控制母线电压显示恢复正常。

24. 主变压器档位接线错误，造成主变压器档位显示不正确

故障现象

主站调度控制系统、厂站监控系统后台以遥测量的形式显示主变压器档位，8 档及以下与实际档位一致，9 档及以上与实际档位不符。

故障处理步骤和方法

（1）在测控端子排用短路线短接，模拟档位变化，主站调度控制系统、厂站监控系统后台显示主变压器档位是正确的，说明测控装置的设置是没有问题的，主站调度控制系统、厂站监控系统后台

的设置也是没有问题的。

（2）检查调压机构箱端子排，发现1~8档接线正确，9档线接9a端子，10档线接9b端子，11档线接9c端子，12档线接10档端子，其余档位都依次接串位。

（3）9a端子、9c端子是档位极性变换的端子，调档时不停，9档停在9b位置，所以重新接线。9a端子、9b端子、9c端子短接然后接9档线，10档线接10档端子，11档线接11档端子，依次类推。

（4）改线完成后，重新进行主变压器调档试验，主站调度控制系统、厂站监控系统后台显示主变档位都是正确的。

第六章

测控装置故障缺陷分析处理

1. 测控装置遥信电源故障

故障现象

测控装置遥信与现场实际不符，遥测值正常刷新。

故障处理步骤和方法

（1）判断故障类型，通过检查测控装置液晶面板上的遥信实时数据是局部跟现场实际不符还是全局不符。

（2）诊断故障区域，若是局部遥信不符，可通过万用表量信号输入电平诊断；若是全部不符，直接检查遥信电源，并排除装置自身等故障。

（3）确认故障点，到遥信发生源端即设备侧用万用表进一步确认接点开合跟现场一致。

（4）处理故障，将装置遥信电源恢复正常即可。现场实际多是遥信电源空开未给所致。

（5）主站调度控制系统、后台、测控收到的遥信位置与实际遥信位置进行核对，全部恢复相符，表明故障消除。

2. 遥信双位在测控装置上遥信图元显示与实际不符

故障现象

测控装置画面图元状态显示与现场不符，遥测值刷新正常。

故障处理步骤和方法

（1）判断故障断面，通过万用表检查常开和常闭接点跟实际设备状态一致，并接线正确，判断故障发生在测控装置上。

（2）确认故障点，查看装置遥信实时数据，确认实时状态和变位跟现场设备一致，且后台和 RTU 信号状态也与现场实际一致，进一步确认故障属图元关联参数设置问题，即前景定义的双位点号设置错误所致。

（3）恢复故障，将图元前景定义的点号关联设置正确即可。这类图元显示问题现场也常出现在设备取的都是常开或都是常闭接点的故障，还有遥信板单点故障或常开常闭接线错位所致，特别注意区分双点遥信和单点遥信的差异。

3. 测控装置防抖时间设置错误，导致遥信不能准确反映现场实际

故障现象

后台和主站遥信频繁告警或遥信变位反应慢，影响系统正常运行监视。

故障处理步骤和方法

（1）判断故障区域，通过后台和主站同时发生相同的故障现象，可判断故障最有可能发生在站控层以下。

（2）确认故障点，通过遥信变位查看测控装置遥信实时状态和遥信记录的反映时间和动作情况，若反映有误则确认故障发生在测控装置上。检查测控装置遥信防抖时间参数，确认故障是参数设置过小或过大所致。

（3）处理故障，将测控装置的防抖时间按照接点实际要求设置。防抖时间问题是现场最常见的问题之一，现在采用的多半是厂家默认参数，建议按照接点类型和动作要求，合理设置该参数，应该如同期定值那样下发参数明细或指导规范。

4. 测控装置对时故障

故障现象

站控层收到的 SOE 的时标错误，影响故障分析。

故障处理步骤和方法

（1）判断故障区域，通过站控层后台和主站同时发生相同的故

障现象，可判断有可能发生在间隔层测控装置。

（2）确认故障点，通过测控装置的信息记录查看 SOE 的时间是否正确，若跟站控层后台和主站一致，则进一步查看装置的对时状态，发现测控对时有误。

（3）处理故障，将测控装置对时恢复正确，验证 SOE 时标准确无误。测控装置的对时现在更多采用高精度直流 B 码，务必验收之初就要确认对时方式、有源无源和守时精度等功能，确保 SOE 的精准性。

5. 测控装置电源板故障

故障现象

站控层频繁收到大量误报信息，造成运行无法正常监视。

故障处理步骤和方法

（1）判断故障区域，通过站控层后台和主站同时发生相同的故障现象，大致判断故障发生在站控层以下。

（2）确认故障点，以测控装置为断面，检查历史记录和实时数据，确实存在信息误报，再用万用表检查遥信外回路具体信息的电平一直正确保持，可确认是装置本身的问题，再辅之具体告警信息和装置内部的自检故障状态，最终确认故障发生在电源板轻微故障导致的遥信电源不稳定所致。

（3）处理故障，更换备用电源插件，验证正确性。电源板的自然老化问题多发生在运行中的老站中，建议对老站主动加强定期巡检和备件库购置，对新站则要求有电源板的故障在线监测或电源自检故障信息。

6. 测控装置信号回路串入交流信息，遥信信息周期性频繁误报

故障现象

站控层后台和主站信息周期性频繁误报，导致信息刷屏而无法正常监视。

故障处理步骤和方法

（1）判断故障区域，通过站控层后台和主站同时发生相同的故障现象，大致判断故障发生在站控层以下。

（2）确认故障点，以测控装置为断面，检查装置跟站控层现象一致，再通过具体信息解除公共端进一步确认故障点的具体接线，最后用万用表验证信号电平本身故障，确认串入交流电。

（3）处理故障，将故障点的交流电切除，恢复现场设备空接点的正确接入。除非特殊要求的交流装置，现场都是直流遥信。

7. 测控装置站控层网络通讯存在故障

故障现象

站控层遥测不刷新，遥信无变位，画面颜色不正常。

故障处理步骤和方法

（1）判断故障区域，通过站控层后台和主站同时发生相同的故障现象，大致判断故障发生在站控层以下。

（2）确认故障点，以测控装置为断面，查看装置上遥测的实时数据都正常刷新，且遥信状态也正常，排除装置采样故障。然后，通过站控层 ping 或装置自身通讯状态信息判断通讯中断，再进一步通过备用网线或口对口 ping 装置，最终确认故障点发生在测控装置的网口上。

（3）处理故障，启用备用网口或更换网络插件恢复故障并验证。现场发生通讯中断的现象有时也有交换机网口故障或网线故障或网口程序跑死或通信参数设置故障等，多加注意。

8. 测控装置置检修压板合

故障现象

站控层遥测不刷新，遥信无变位，画面颜色不正常。

故障处理步骤和方法

（1）判断故障区域，通过站控层后台和主站同时发生相同的故障现象，大致判断故障发生在站控层以下。

（2）确认故障点，以测控装置为断面，查看装置上遥测的实时数据都正常刷新，遥信状态正确，且通讯也正常；然后查看通信报文，发现只有心跳报文；最后检查装置检修压板在投入状态。

（3）处理故障，将检修压板恢复正常即可。这里注意区分跟通信中断现象的细微差别。装置置检修状态，遥信和遥测保持检修前的值，遥控无返校报文，只维持通讯心跳报文。

9. 测控装置死区设置不合理，导致遥测刷新慢

📖 故障现象

站控层遥测刷新慢，曲线成矩形波，遥测考核不满足要求。

📈 故障处理步骤和方法

（1）判断故障区域，通过横向对比站控层后台和主站同时发生相同的故障现象，大致判断故障发生在站控层以下。

（2）确认故障点，以测控装置为断面，查看装置上实时采样的遥测刷新情况正常；进一步查看装置遥测变化死区值，发现设置偏大，导致变化遥测少而呈现通讯传输慢的现象。

（3）处理故障，将测控遥测变化死区设置到合理区间，因为变化遥测毕竟是二级数据，不能设置太小，更不能设置为 0，以保证变化遥信等重要报文的优先级。

10. TA 变比选取不合理，导致遥测刷新慢或零漂

📖 故障现象

站控层遥测刷新慢，且有时在零漂附近，曲线成矩形波，遥测考核不满足要求。

📈 故障处理步骤和方法

（1）判断故障区域，通过横向对比站控层后台和主站同时发生相同的故障现象，且测控变化死区参数也合理，大致判断故障发生在间隔层以下。

（2）确认故障点，检查遥测实时采样值的大小，发现在零漂附近，无法判断出功角和矢量，具体是 TA 变比选取过大所致。

（3）处理故障，建议根据实际潮流的大小，将 TA 选取运行在有效合理区段。

11. 装置采样精度太低，遥测刷新慢

故障现象

站控层和测控本身遥测刷新都慢，曲线成矩形波，遥测考核不满足要求。

故障处理步骤和方法

（1）判断故障区域，通过万用表查看装置采样值的大小和 TA 变比参数都正常合理，故障应该发生在测控装置本身的采样精度上。

（2）确认故障点，经过横向对比采样精度、AD 模块位数及装置最大码值，确认是测控采样精度低所致。

（3）处理故障，通过硬件更换和程序升级，最大码值提高至16376 或 32767，遥测刷新率表现正常。

12. 测控装置电源板故障，遥测采样异常

故障现象

站控层频繁收到遥测突变，曲线异常，造成运行无法正常监视。

故障处理步骤和方法

（1）判断故障区域，通过站控层后台和主站同时发生相同的故障现象，大致判断故障发生在站控层以下。

（2）确认故障点，以测控装置为断面，遥测实时数据有突变，辅之测控自检状态，发现电源板异常，进而导致了采样模块的异常。

（3）处理故障，更换备用电源插件，验证正确性。电源板的自然老化问题多发生在运行中的老站中，建议对老站主动加强定期巡检和备件库购置，对新站则要求有电源板的故障在线监测或电源自检故障信息。

13. 测控装置遥测板故障，遥测数据异常

故障现象

站控层显示的遥测缺相或数据异常，导致负荷不平衡。

故障处理步骤和方法

（1）判断故障区域，通过站控层后台和主站同时发生相同的故障现象，大致判断故障发生在站控层以下。

（2）确认故障点，以测控装置为断面，向下用万用表确认测控采样输入正常，而装置遥测实时采样不正确，再辅之测控自诊断状态，判断遥测板故障。

（3）处理故障，做好封电流回路等安全措施下，更换备用遥测板，验证恢复正常。

14. 测控装置遥测参数设置错误

故障现象

站控层和测控装置遥测缺相或数据异常，导致负荷不平衡。

故障处理步骤和方法

（1）判断故障区域，通过站控层后台和主站以及测控同时发生相同的故障现象，大致判断故障发生在测控装置及以下。

（2）确认故障点，以测控装置为断面，用万用表检测测控采样来源是正确的，然后检查装置 TA 变比、TA 采样是否两相等相关参数，发现 TA 采用两相，而参数设置三相，导致差了 1.5 倍。

（3）处理故障，将 TA 设置为采用两表法，验证以恢复正常。这里还要注意现场常见的问题是系数的填法错误导致遥测数据异常，不同的厂家不同的装置不同软件不同的填法，最原始的算法相同："系数＝最大工程值/最大码值"。

15. 测控装置温度直流量输入故障

故障现象

站控层显示主变温度跟现场实际不一致。

⚡ 故障处理步骤和方法

（1）判断故障区域，通过站控层后台和主站同时发生相同的故障现象，大致判断故障发生在站控层以下。

（2）确认故障点，以测控装置为断面，检查测控输入的是电流型 4~20mA 有误；进一步检查温度变送器的输入端（正端、负端、激励端）接线混乱，确认故障点所在。

（3）处理故障，校正变送器输入，确认其输出正确且输出到测控，并验证正确。现场关于温度的常见问题还有系统的填法，要根据实际温度变送的范围和各厂家系数结构的填法有所不同，本质一样。

16. 测控装置处于近控闭锁

👤 故障现象

站控层遥控预置失败，遥控操作无法完成。

⚡ 故障处理步骤和方法

（1）判断故障区域，通过站控层横向对比，后台和主站遥控预置都失败，故障区域应该发生在站控层以下。

（2）确认故障点，以测控装置为断面，逐一排查影响遥控预置失败几个常见的因素：近控闭锁、通讯异常、检修状态、闭锁逻辑，发现处于测控处于近控状态闭锁遥控预置。若想要精准锁定遥控预置失败原因，可查看测控遥控预置报文，其中有遥控预置失败的具体字段。另外，如果条件允许，也可以尝试在测控液晶上仅做遥控预置试验，来辅助查找故障点。

（3）处理故障，将测控打到远控即可，验证并恢复。这里注意区分通讯异常导致的遥控预置失败，会伴随遥信遥测的信息不刷新和品质异常；检修状态原因，则伴随遥信遥测保持不变且检修信号告警；闭锁逻辑或出口压板原因，则遥信和遥测正常刷新。

17. 测控装置遥控类型参数设置错

👤 故障现象

站控层遥控预置成功，且遥信遥测都正常，但是遥控合闸执行失败。

故障处理步骤和方法

（1）判断故障区域，通过站控层预置成功和遥信遥测正常的现象可以判断故障应该发生在遥控出口回路环节或装置出口继电器未动作。

（2）确认故障点，以遥控回路的图纸为参考，先人工检查遥控回路出口的常见环节：远方/就地、出口压板、遥控电子五防、端子接线等，结果都正确无误；用万用表的电压档验证遥控执行时的出口接点闭合情况并听出口继电器动作声音，发现测控出口继电器未动作且未发出口脉冲；进一步检查测控遥控类型发现设置仅同期合。

（3）处理故障，将遥控类型的参数设置为支持无压合，然后验证。

18. 测控装置出口脉冲时间设置太小

故障现象

站控层遥控预置成功，出口继电器动作且遥信遥测都正常，但是遥控执行失败。

故障处理步骤和方法

（1）判断故障区域，通过站控层站控层遥控预置成功，出口继电器动作且遥信遥测都正常的现象可以判断故障应该发生在遥控出口回路环节或出口脉冲设置上。

（2）确认故障点，以遥控回路的图纸为参考，先人工检查遥控回路出口的常见环节：远方/就地、出口压板、遥控电子五防、端子接线等，结果都正确无误；用万用表的电压档验证遥控执行时的出口接点闭合情况，发现万用表电压瞬间为零后恢复，且测控出口继电器有动作声响但很微弱；进一步检查测控遥控出口脉冲时间参数，发现设置太小，导致无法完成有效时间让线圈带电启动设备。

（3）处理故障，将遥控出口脉冲设置合理范围值，然后验证。

19. 测控装置遥控板故障，导致遥控执行失败

故障现象

站控层遥控预置成功，且遥信遥测都正常，但是遥控执行失败。

故障处理步骤和方法

（1）判断故障区域，通过站控层预置成功和遥信遥测正常的现象可以判断故障应该发生在遥控出口回路环节或装置出口继电器未动作。

（2）确认故障点，以遥控回路的图纸为参考，先人工检查遥控回路出口的常见环节：远方/就地、出口压板、遥控电子五防、端子接线等，结果都正确无误；用万用表的电压档验证遥控执行时的出口接点闭合情况，发现出口继电器无动作声音，且万用表电压未有回零现象；进一步检查测控遥控出口脉冲时间和遥控类型等参数也设置正常，问题锁定遥控出口板。

（3）处理故障，更换备用遥控板，有的厂家遥控出口经交流采样板再到出口板，注意验证。

20. 测控装置同期参数错，导致同期合闸遥控执行失败

故障现象

站控层同期遥控合执行失败，而遥控强制合正常。

故障处理步骤和方法

（1）判断故障区域，通过站控层同期遥控合执行失败和遥控强制合正常的已知现象可判断出故障区域发生在同期相关参数设置上。

（2）确认故障点，先检查同期实时采样值，发现正确无误；然后检查同期参数：压差、角差、频差、滑差闭锁、抽取线路电压、是否补偿、补偿角度或钟点数等，发现角度补偿设置错误。

（3）处理故障，按照抽取电压的相别和大小，进行角度和幅值的补偿。这里注意同期定值要按照规范下发同期定值清单，并且要明晰同期和相角补偿的原理。

第七章

后台故障缺陷分析处理

1. 后台参数设置中未设置遥控需要监护人校验

故障现象

在后台进行遥控操作过程中没有弹出监护人权限验证界面，直接对开关及刀闸进行遥控操作。

故障处理步骤和方法

（1）在后台开始菜单中启动"维护程序"工具。

（2）在系统设置里面找到"遥控设置"页面，发现"遥控监护人校验"否被选中，选中后确认并应用。

（3）再进行遥控操作，能弹出监护人权限验证界面，确认故障消除。

2. 后台某条线路断路器位置信号被"人工置数"

故障现象

某条线路在进行断路器分合操作时，在后台显示的断路器位置不符合现场实际状态。

故障处理步骤和方法

（1）在画面中用鼠标双击该遥信点对应的图标，将弹出"遥信操作"的对话框。

（2）检查"处理标志"中的"人工置数"标志位，发现处于选中状态。取消该测点"人工置数"选中状态。

（3）核对该断路器位置已经与实际状态是否一致，确实一致，故障消除。

3. 后台某条线路的有功功率系数设置不正确

🧑 故障现象

后台显示某条线路的有功功率与现场实际不相符。

〽️ 故障处理步骤和方法

（1）核对该线路的有功功率主站端、测控装置是否可以正确显示，发现主站端和测控装置都可以正确显示，这样可以判定为后台本身存在问题。

（2）在后台的开始菜单中启动"数据库编辑"工具。

（3）在"数据库维护工具"画面树状菜单中找到遥测出错的那个装置。选中"遥测"，在画面遥测列表中，找到该装置电流、电压、功率等列表，检查系数，发现其有功功率系数填写不正确，改正并保存。

（4）核对该线路的有功功率在后台、主站、测控装置上的显示是否与现场一致，确认一致，故障消除。

4. 后台参数设置中未设置遥控需五防校验

🧑 故障现象

在后台进行遥控操作过程中没有弹出"遥控需要五防校验"界面，可以不经过五防，直接对开关及刀闸进行遥控操作，存在较大的安全隐患。

〽️ 故障处理步骤和方法

（1）在后台开始菜单中启动系统配置工具。

（2）在"遥控设置"页面中发现"遥控五防校验"未被选中，选中并保存，再重启后台监控软件。

（3）再进行遥控操作，就需要进行"遥控五防校验"，确认故障消除。

5. 后台参数设置中未设置遥控需调度编号校验

🧑 故障现象

在后台进行遥控操作过程中不需要输入调度编号，直接对断路器、隔离开关和接地开关进行遥控操作。

⚡ 故障处理步骤和方法

（1）在后台开始菜单中启动系统配置工具。

（2）在"遥控设置"页面中发现"遥控调度编号校验"未被选中，选中并保存，再重启后台监控软件。

（3）故障消除后，在遥控操作过程中需要进行调度编号校验，操作恢复正常。

6. 后台监控系统断路器遥控相关遥信点关联错误

⚡ 故障现象

后台监控系统在进行断路器遥控操作时，弹出操作提示窗口显示操作对象与实际需操作对象不一致。

⚡ 故障处理步骤和方法

（1）在后台开始菜单中启动"数据库编辑"工具，在"数据库维护工具"画面左边菜单中找到遥控不正常的那个装置，选中"遥控"，在画面右边遥控列表中，发现关联遥信与遥控点不对应，修改并保存，重启后台监控软件。

（2）再对该断路器进行遥控操作时，弹出操作提示窗口显示操作对象与实际需操作对象一致，故障消除。

7. 后台计算机未设置 SNTP 对时

⚡ 故障现象

后台监控计算机与时钟同步系统的标准时间源存在一定时间差异。

⚡ 故障处理步骤和方法

（1）首先检查后台计算机网络通信及其他功能，发现都正常，但时钟同步系统的标准时间源与后台时间不一致。

（2）因此分析判断为计算机时钟对时异常，通过设置实现后台计算机 SNTP 对时（各种厂家设置不同）。

（3）经自动校时后，计算机时间与时钟同步系统的标准时间源一致，故障消除。

8. 后台软件系统设置中该节点设置为禁止画面编辑、数据库编辑

故障现象

某后台监控计算机不能进行画面编辑和数据库修改。

故障处理步骤和方法

（1）在后台微机开始菜单中启动系统配置工具。

（2）在"后台软件设置-节点设置"页面中发现该节点被选择为禁止画面编辑、数据库编辑，将该节点的设置进行修改，允许画面编辑、数据库编辑，并保存。

（3）重启画面编辑和数据库编辑，就可以进行画面和数据库的编辑，故障消除。

9. 后台 MySQL 管理程序设置成未启动

故障现象

后台监控系统启动后，显示数据库连接错误，无法正常启动。

故障处理步骤和方法

（1）对后台监控计算机数据库进行检查，发现 MySQL 管理程序设置成未启动，并且隐藏图标。

（2）在计算机后台中 cmd 目录下切换到 MySQLbin 目录下，输入 start MySQL 启动后将其设为自动启动。

（3）重启后台监控计算机，MySQL 管理程序能自动启动，故障消除。

10. 遥测属性编辑中整数位设置过少

故障现象

后台部分遥测点无法正常显示，显示为 FFFF。

故障处理步骤和方法

（1）检查这些无法正常显示的遥测点关联是否正确，发现遥测

关联全部正确。

（2）检查图形编辑界面，发现遥测的整数位设置过少，增加整数的位数并保存。

（3）后台所有遥测值都可以正常显示，故障消除。

11. 后台软件系统设置中节点名称和计算机名不一致

📇 故障现象

后台无法正常采集站内全部实时信息，且后台为非值班机。

📉 故障处理步骤和方法

（1）在后台开始菜单中启动系统配置工具。

（2）在后台维护程序里面，发现软件系统设置–节点设置–节点名称和计算机名不一致，将节点名称与计算机名称更改成一致并保存。

（3）重启计算机，再重启后台监控软件，后台变成值班机，已经能够正常接收实时信息，故障消除。

12. 后台维护程序里本机节点类型选择错误

📇 故障现象

后台无法正常采集站内全部实时信息，且后台为非值班机。

📉 故障处理步骤和方法

（1）在后台开始菜单中启动系统配置工具。

（2）在后台维护程序里面，发现后台软件系统设置–节点设置–节点类型选择了"非主机和备机之外的其他类型"，更改成主机，并保存。

（3）重启计算机，再重启后台监控软件，后台变成值班机，已经能够正常接收实时信息，故障消除。

13. 后台机网卡被设置禁用

📇 故障现象

后台与所有装置通信中断，后台无法正常采集站内全部实时信息。

⚡ 故障处理步骤和方法

（1）用网络能手设备检查后台计算机的网线及网线头是否正常，检查后发现网线及网线头均正常。

（2）再检查后台机网卡是否被禁用，发现后台机网卡被禁用。

（3）重新启用网卡后，恢复正常，并且能 ping 通所有装置。

（4）故障消除后，后台与所有装置通信恢复，后台已经能够正常采集站内全部实时信息。

14. 后台维护程序里面，遥测勾选"符号置反"

👤 故障现象

后台显示遥测量值与实际遥测量值符号相反。

⚡ 故障处理步骤和方法

（1）在后台开始菜单中启动系统配置工具。

（2）在后台维护程序里面，发现遥测表勾选"符号置反"，将遥测表勾选"符号置反"取消，并保存。

（3）后台遥测值与实际遥测值显示一致，故障消除。

15. 后台维护程序里，降压变压器低压侧有功功率勾选"取绝对值"

👤 故障现象

后台中降压变压器低压侧有功功率显示为正值，而实际显示应该为负值。

⚡ 故障处理步骤和方法

（1）检查测控装置采样值，发现无异常，可以判断为后台设置问题。

（2）检查后台维护程序里遥测表是否勾选"取绝对值"，发现已经勾选，将其取消，并保存。

（3）后台中降压变压器低压侧有功功率显示变为负值，故障消除。

16. 画面图形属性里刷新事件设置时间过大

故障现象

后台画面数据刷新较慢，疑似通讯故障。

故障处理步骤和方法

（1）在后台开始菜单中启动系统配置工具。

（2）在后台维护程序里面，画面图形属性里刷新事件设置值过大，修改为默认时间并保存。

（3）故障消除，后台画面实时刷新。

17. 在后台上某个间隔被错误挂检修牌

故障现象

在后台上某个间隔遥测、遥信都不刷新。

故障处理步骤和方法

（1）在后台主接线画面中，点被故障间隔，就可以检查到间隔状态，显示为挂检修牌。

（2）将检修牌删除，故障消除。

18. 后台事故推画面未选中

故障现象

当发生事故时，后台不进行事故推画面。

故障处理步骤和方法

（1）检查后台是否接收到全站事故总和间隔事故总遥信信息，发现已经正常接受到全站事故总和间隔事故总遥信信息。

（2）检查后台的节点管理–本机属性设置：事故推画面未选中，将其选中并保存。

（3）重启后台监控软件，再来事故时，后台进行事故推画面。

19. 后台未选主操作员站或操作员站

故障现象

某后台无法进行遥控操作。

故障处理步骤和方法

（1）遥控操作时提示本机为非操作员站，这就表明需要将本机设置成操作员站。

（2）检查后台的节点管理−本机属性设置：主操作员站/操作员站是否被选中，发现未选中，并保存，再重选后台监控软件。

（3）后台可以正常进行遥控操作了，故障消除。

20. 后台遥测表中"判越限"未勾选

故障现象

后台遥测发生越限，但未出现遥测越限告警。

故障处理步骤和方法

（1）在后台开始菜单中启动系统配置工具。

（2）在后台维护程序里面，发现遥测表中"判越限"未勾选，勾选并保存。

（3）再重选后台监控软件，遥测再发生越限，就可以出现遥测越限告警。

21. 数据库中未设置遥控校验调度编号

故障现象

在后台进行遥控操作过程中，弹出调度编号输入窗口，输入调度编号，显示错误，不输入调度编号，直接可以对断路器、隔离开关和接地开关进行遥控操作。

故障处理步骤和方法

（1）在后台开始菜单中启动"数据库编辑"工具，在"遥控"列表调度编号列中，填写断路器、隔离开关和接地开关位置的调度编号，保存，并重启后台监控系统。

（2）再进行遥控操作，发现需要正确输入调度编号才能正常操作，故障消除。

22. 后台遥测越限判别延迟时间过大

故障现象

后台遥测值发生越限，但不能及时报警。

故障处理步骤和方法

（1）在后台开始菜单中启动系统配置工具。

（2）在后台维护程序里面，发现字典类–越限判别类型表–延迟时间设置过长，修改为默认并保存，同时字典类–越限判别类型表–回差或死区设置过大，重新修改为默认并保存。

（3）故障消除后，后台遥测值发生越限后，能及时告警。

23. 后台维护程序里某断路器计算参数设置错误

故障现象

某断路器计算的总位置信息异常。

故障处理步骤和方法

（1）在后台开始菜单中启动系统配置工具。

（2）在后台维护程序里面，发现字典类–计算公式表中"断路器三相合并"计算类型设置不对（可能设成每年计算、每月计算等），重新修改为默认并保存。

（3）系统类–综合量计算表中该断路器位置勾选"是否禁止计算"，去掉勾选并保存。

（4）故障消除后，后台正常显示该断路器总位置信息。

24. 后台遥控返校超时时间设置过短

故障现象

后台进行断路器遥控时，遥控返校令下达后，马上超时，导致遥控无法正常操作。

⚡ 故障处理步骤和方法

（1）在后台微机开始菜单中启动系统配置工具。

（2）在后台维护程序里面，系统表：返校超时时间设的过小（比如设置成0），修改正确时间并保存。

（3）故障消除后，遥控返校正常，可以进行遥控操作了。

25. 后台某条线路 A 相电流残差设置过大

👤 故障现象

后台某条线路的 A 相电流显示为死数。

故障处理方法和步骤：

（1）检查测控装置中某条线路的 A 相电流采集情况，发现能正确采集，不为死数。

（2）在后台维护程序里，发现后台软件维护工具数据库编辑－某条线路的 A 相电流的残差设置过大，修改为默认并保存。

（3）故障消除后，后台某条线路的 A 相电流显示正常。

26. 后台机网卡子网掩码填写错误

👤 故障现象

后台机与所有装置通信中断，但能 ping 通所有测控装置。

故障处理方法和步骤：

（1）检查后台网卡及连接网线是否正常，发现全部正常。

（2）检查后台机 IP 和子网掩码，发现后台机的子网掩码填写错误，重新修改为正确的子网掩码，通讯恢复。

（3）故障消除后，后台机与所有装置通信恢复正常。

27. 后台遥控结果超时时间设置错误

👤 故障现象

后台进行断路器遥控时，遥控执行后，未等返回结果信息，直接显示遥控执行超时。

故障处理步骤和方法

（1）在后台微机开始菜单中启动系统配置工具。

（2）在后台维护程序里面，系统表：结果超时时间设置过小，修改正确时间并保存。

（3）故障消除后，后台遥控执行后，能正常反应执行结果。

28. 厂站图元被挂牌

故障现象

后台整个厂站通信正常，但遥信、遥测不变化，遥控提示挂牌禁止遥控。

故障处理步骤和方法

（1）在后台的开始菜单中进入"维护程序"，选择图形组态进行画面编辑。

（2）在画面编辑下选择厂站图元，发现厂站图元被挂牌，将厂站图元摘牌，并保存发布。

（3）故障消除后，遥信遥测变化并刷新，数据正确，可以进行遥控操作，故障解除。

29. 正常显示状态下将间隔图元挂牌

故障现象

后台某线路测控装置或间隔通信正常，但遥信遥测不变化，遥控提示挂牌禁止遥控。

故障处理步骤和方法

（1）在后台的开始菜单中进入"维护程序"，选择图形组态进行画面编辑。

（2）在画面编辑下选择间隔图元，正常显示状态下将间隔图元挂牌，将间隔图元摘牌并保存发布。

（3）故障消除后，线路测控装置或间隔通信正常，遥信遥测变化并刷新，数据正确，可以进行遥控操作，故障解除。

30. 后台监控设置厂站告警被封锁或抑制

故障现象

某后台整个厂站通信正常，全部遥信，遥测无变化，但遥控正常。

故障处理步骤和方法

（1）在后台的开始菜单中启动"数据库编辑"工具。

（2）在"数据库维护工具"画面树状菜单中找到数据库编辑，发现厂站告警被封锁或抑制，将封锁或抑制解除并保存。

（3）故障消除后，遥信遥测刷新，数据正确，确认恢复正常。

31. 后台某间隔告警被封锁或抑制

故障现象

后台某间隔通信正常，但遥信遥测不变化，遥控正常。

故障处理步骤和方法

（1）在后台的开始菜单中启动"数据库编辑"工具。

（2）在"数据库维护工具"画面树状菜单中找到数据库编辑，发现该间隔告警被封锁或抑制，将封锁或抑制解除并保存。

（3）故障消除后，该间隔遥信遥测恢复刷新。

32. 后台机 A/B 网网线插反

故障现象

后台所有数据不刷新，所有装置上报通讯中断告警。

故障处理步骤和方法

（1）检查后台网卡和连接网线，以及站控层交换机，都未发现异常。

（2）检查后台机网口连接状态，发现后台机 A/B 网网口处于异常状态。

（3）检查为后台机网口设置，发现 A/B 网网口交叉了，重新更换 A/B 网网线连接，故障消除。

（4）故障消除后，后台所有数据刷新，所有装置通讯中断告警复归。

33. 后台机 A/B 网网口 IP 地址设置错误

故障现象

后台所有数据不刷新，所有装置上报通讯中断告警。

故障处理步骤和方法

（1）检查后台网卡和连接网线，以及站控层交换机，都未发现异常。

（2）检查后台机网口连接状态，发现后台机 A/B 网网口处于异常状态。

（3）检查为后台机网口设置，发现 A/B 网网口 IP 地址设置错误，修改 IP 地址，并保存。

（4）故障消除后，后台所有数据恢复刷新，所有装置通讯中断告警复归。

34. 后台内存占用过高

故障现象

后台画面正常，遥信、遥测数据正常刷新，但执行其他程序时，非常慢，甚至可能出现鼠标移动缓慢。

故障处理步骤和方法

（1）此种情况一定是后台计算机资源严重不足引起。

（2）打开进程监视界面，检查各进程占用资源情况，发现内存占用过高。

（3）对占用内存较高的进程进行分析，若此进程非后台监控系统运行必备进行，应该将其永久关闭或删除。

（4）重启后台计算机，重启后台监控软件。

（5）故障消除后，后台计算机恢复正常运行。

35. 计算机电源设置不正确

故障现象

后台计算机经常黑屏，软件经常关闭。

故障处理步骤和方法

（1）检查计算机的电源设置，发现计算机电源设置成节能模式，到一定时间计算机进入休眠状态，硬盘停止工作，所以后台计算机经常黑屏，软件经常关闭。

（2）将后台计算机电源设置修改成一直开着状态，确认保存。

（3）故障消除后，后台计算机黑屏，软件经常关闭的问题得到解决。

36. 后台监控软件运行异常

故障现象

后台监控软件运行不正常，会出现监控界面退出，不报警等问题。

故障处理步骤和方法

（1）分析软件异常情况，备份所有数据。

（2）根据分析结果进行相应处理，若是操作系统问题引起，就需要重新安装操作系统和后台监控软件，若只是后台监控软件问题引起，直接安装后台监控软件就可以了。

（3）恢复备份数据。

37. 后台计算机硬件异常

故障现象

后台计算机无法正常启动。

故障处理步骤和方法

此故障属于计算机硬件故障问题，这里不作深入展开分析。主要检查以下三个方面：

（1）对计算机供电电源进行检查，看供电电源是否能够符合计算机运行要求。

（2）对内存条、显卡等插件进行检查，看是否存在故障和不兼容问题。

（3）对硬盘进行检查，看是否存在损坏不识别问题。

（4）对计算机内部电源进行检查，是否存在异常或损坏。

38. 服务器意外断电导致服务器无法自动重启

🔧 故障现象

某 unix 后台服务器意外断电导致服务器无法启动，机器重启后停滞在白屏状态，无法进入操作系统。

📊 故障处理步骤和方法

（1）机器由于重启后停滞在白屏状态，无法进入操作系统。系统会提示 TYPE control-d to proceed with normal starup（or give root password for system maintenance）。

（2）此时可在冒号后面输入密码×××××，然后在#后输入命令 fsck-y，如果错误比较多可多执行几次。执行完后输入 init 6（或 reboot）重启。

（3）故障消除后，服务器重新启动，后台监控系统恢复正常。

39. 后台某遥控点遥信遥控关联出错

🔧 故障现象

后台无法对某遥控点进行正确遥控。

📊 故障处理步骤和方法

（1）检查测控中该遥控点，发现测控能够正确遥控，远方主站也可以正确遥控，但后台机无法正确遥控。

（2）检查后台操作接线图中某遥控点图形关联状况，发现关联正确。

（3）检查后台遥信遥控关联库，发现某遥控点遥信遥控关联错误。重新关联，保存。

（4）重启后台监控软件，故障消除，某遥控点能正常遥控了。

40. 数据库编辑中某母线电压的"存储标记"属性设置为空

故障现象

某母线电压报表数据获取异常，或者根本无法获取某母线电压报表数据。

故障处理步骤和方法

（1）首先找到电压报表对应的该母线遥测量测点，检查该测点所属的测控装置通信状态是否正常。测控装置通信正常，则排除通信链路的相关环节。

（2）打开"数据库编辑"工具，找到该母线电压对应的遥测量测点，查看该测点的"存储标记"属性设置，发现属性设置为空。

（3）在属性设置里面发现为空，那么根据实际运行需求为该母线电压设置一个存储时间间隔，可从"1分钟""5分钟""15分钟""小时""日""月"中选择一个。每隔设定的存储时间间隔，系统将该测点的值保存到历史数据库中，供报表统计计算使用。

（4）故障消除后，后台电压报表数据能够正常获取该母线电压数据。

41. 某线路 A 相电流未选"统计允许"标记

故障现象

某后台电流报表中无法正常统计某线路 A 相电流。

故障处理步骤和方法

（1）首先在电流报表中找到该线路 A 相电流对应的遥测量测点，检查该测点所属的测控装置通信状态是否正常。测控装置通信正常，则排除通信链路的相关环节。

（2）打开"数据库编辑"工具，找到该线路 A 相电流对应的遥测量测点，查看该测点的"允许标记"属性设置，发现"统计允许"标记为空。

（3）查看该测点的"统计允许"属性中对话框中选中"日最

大值”标记，保存并重启后台监控软件。

（4）故障消除后，后台电流报表中某线路 A 相电流统计正常。

42. 后台监控系统中某个遥测量测点被人工置数

故障现象

后台监控系统中某个遥测量将不刷新。

故障处理步骤和方法

（1）检查此遥测量对应的测控装置上采集值是否刷新，发现测控采集信息刷新无故障。

（2）检查主站此遥测点是否刷新，发现此遥测点在主站系统中实时刷新。这样就可以判断为后台此遥测点存在问题。

（3）检查该遥测量测点“处理标记”中的“封锁”或“人工置数”标记状态，发现处于封人工置数状态。将其人工置数状态取消，此遥测量恢复实时刷新，故障消除。

43. 后台监控系统中某个遥测量测点被封锁

故障现象

后台监控系统中某个遥测量将不刷新。

故障处理步骤和方法

（1）检查此遥测量对应的测控装置上采集值是否刷新，发现测控采集信息刷新无故障。

（2）检查主站此遥测点是否刷新，发现此遥测点在主站系统中实时刷新。这样就可以判断为后台此遥测点存在问题。

（3）检查该遥测量测点“处理标记”中的“封锁”或“人工置数”标记状态，发现处于封锁状态。将其封锁状态取消，此遥测量恢复实时刷新，故障消除。

44. 后台系统设置中“电铃电笛投入”未选择

故障现象

后台电铃电笛异常。

故障处理步骤和方法

（1）检查实时报警中相应的报警动作集配置中"电铃"和"电笛"是否被选择，实时报警中相应的报警动作集配置中"电铃"和"电笛"已正常选择。

（2）检查系统设置中"铃笛使用音箱"及本地设置中"语音报警投入"是否被选择，系统设置中"铃笛使用音箱"及本地设置中"语音报警投入"已正常选择。

（3）检查告警文件配置是否正确，告警文件已正确配置。

（4）检查本地设置中"电铃电笛投入"是否被选择，发现本地设置中"电铃电笛投入"未正常选择，将"电铃电笛投入"正常选择并保存。

（5）故障消除后，后台电铃电笛正常。

45. 后台报警动作配置中的报警动作打印功能未选择

故障现象

后台告警信息无法打印。

故障处理步骤和方法

（1）首先检查打印机安装是否正确，运行测试程序，打印机可以正常打印测试页，证明打印机无故障。

（2）检查本节点的打印服务进程启动情况，发现本节点的打印服务进程正常启动。

（3）检查本节点的本地打印功能投入情况，发现本节点的本地打印功能正常投入。

（4）检查相应的报警动作集打印功能是否选中，发现报警动作配置中的报警动作打印功能未选择，将相应的报警动作集打印功能选中并保存。

（5）故障消除后，后台告警信息正常打印。

46. 后台计算进程被关闭

故障现象

后台所有计算量都无法正常实现实时计算。

■ 故障处理步骤和方法

（1）检查后台系统组态中脚本计算进程 Scriptexe. exe 是否被关闭，若被关闭，将系统组态中脚本计算进程 Scriptexe. exe 重新打开。

（2）检查所有计算量计算情况，若仍然不能进行实时计算，重新启动后台监控软件。

（3）故障消除，后台所有计算量都能进行实时准确计算。

47. 某断路器位置勾选了"是否禁止计算"

■ 故障现象

后台某断路器总位置不随断路器实际位置变化，或出现异常位置状态。

■ 故障处理步骤和方法

（1）在后台中检查采集的该断路器所有分相位置信息，发现都准确无误。

（2）检查系统类–综合量计算表中该断路器位置是否勾选"是否禁止计算"，发现已经勾选，将其去掉并保存。

（3）故障消除后，后台该断路器总位置恢复正常。

48. 后台系统设置中"语音报警投入"未选择

■ 故障现象

后台告警语音异常。

■ 故障处理步骤和方法

（1）检查音箱的连接是否正确，发现音箱连接正确并能正常工作。

（2）检查语音报警服务进程是否正常启动，语音报警服务进程正常启动运行。

（3）检查实时报警中相应的报警动作集配置中"语音"是否被选择，报警动作集配置中"语音"已经正常选择。

（4）检查系统设置中"铃笛使用音箱"及本地设置中"语音

报警投入"是否被选择，发现本地设置中"语音报警投入"未选择，重新将本地设置中"语音报警投入"选择并保存。

（5）故障消除，后台告警语音恢复正常。

49. 后台主接线图拓扑状态异常

故障现象

后台主接线拓扑状态与现场实际运行工况不一致。

故障处理步骤和方法

（1）检查数据库的设备颜色配置是否正确配置，不同的状态对应不同的颜色，每一种状态又可以设置优先级，优先级高的状态，颜色优先显示，可根据不同的用户需求灵活设置，不对的话修改正确。

（2）查看数据库中对断路器、隔离开关、母线和接地开关等遥信是否正确定义设备类型，若没有正确定义设备类型，将导致拓扑功能无法正常实现。

（3）查看主接线所有图元是否应用正确，并正确关联相关设备。

（4）查看对应遥测量实际值是否满足拓扑要求，比如拓扑设置成40%判带电，那么实际值是否达到40%。

（5）进线带电后沿路往下走，中间有无断点导致拓扑中断。查看遥信状态正确与否，拓扑必须连接才能进行，中间有断路器、隔离断路器分开则拓扑中断。

（6）以上故障消除后，后台主接线拓扑状态与现场实际运行工况一致。

50. 后台历史数据库出错

故障现象

后台无法正常查询历史告警。

故障处理步骤和方法

（1）检查后台是否可以接受现场的实际变位信号，发现可以正常接收。

（2）重新启动后台监控软件，观察历史告警能否查询，若已经可以查询，表明故障消除。若仍然不能消除，重新安装历史数据库，重新启动后台监控软件。

（3）故障解除后，后台能正常查询历史告警。

51. 后台网线水晶头线序不标准

📋 故障现象

与后台连接的某个网段通信状态异常，比如时通时断。

📉 故障处理步骤和方法

（1）检查后台所有装置的通信地址有无冲突，包括一些后台通信插件（比如五防），装置的通信地址并无冲突。

（2）检查网线和水晶头压接情况，发现网线无问题，水晶头压接良好，但线序排列不标准，重新依照标准线序制作网线水晶头。

（3）故障消除，后台连接的某个网段通信状态恢复正常。

52. 变压器温度系数填错

📋 故障现象

后台变压器温度显示值与实际温度不一致。

📉 故障处理步骤和方法

（1）检查变压器温度表，发现温度表显示值与实际温度一致。

（2）检查测控装置接线，发现接线正确。

（3）检查测控装置采集温度，发现测控装置采集温度值与实际温度一致。

（4）检查后台温度设置，发现后台变压器温度系数填错，重新填写正确的温度系数。

（5）故障消除，后台变压器温度显示值与实际温度一致。

53. 后台变压器档位系数填错

📋 故障现象

后台变压器档位显示异常。

故障处理步骤和方法

（1）首先测控装置，发现测控装置已正确采集变压器档位。

（2）检查后台，发现变压器档位系数填错，重新填写正确的变压器档位系数。

（3）故障消除，后台变压器档位显示恢复正常。

54. 某测控的 CID 文件和数据库中的不一致

故障现象

无法在后台中正常采集某测控信息。

故障处理步骤和方法

（1）检查该测控装置，发现测控装置所有信息能正确采集。

（2）检查下载该测控装置的 CID 文件，发现与数据库中的不一致。

（3）检查该测控装置 CID 文件与实际测控是否一致。若不一致，给该测控重新下装正确的 CID 文件，若一致，修改数据库中 CID 文件选择，总之，必须保证测控装置中的 CID 文件和数据库中的一致。

（4）故障消除，重新对装置进行标准化试验。

55. 后台数据库中某台保护装置地址设置错误

故障现象

某台保护装置与后台通讯异常。

故障处理步骤和方法

（1）检查该保护装置，发现通信参数设置正确，设备运行状态良好。

（2）检查通讯物理连接，发现通讯物理连接正常。

（3）检查后台数据库，发现该保护装置地址设置错误，重新修改正确保护地址并保存。

（4）故障消除后，该保护装置与后台通讯恢复。

56. 后台监控系统未设置双网

故障现象

某变电站后台为双网配置，但监视只有 A 网正常，B 网通讯总是处于中断状态。

故障处理步骤和方法

（1）检查 B 网物理连接以及站控层 B 网交换机，未发现异常。

（2）检查后台 B 网各项参数设置，发现全部正确。

（3）检查后台监控系统的"是否双网"设置，发现此项未选择，选择后保存。

（4）故障消除，变电站后台 B 网通讯恢复正常。

57. 后台显示器视频输入模式设置错误

故障现象

后台显示器黑屏，无法正常监视变电站运行工况。

故障处理步骤和方法

（1）首先用万用表检查显示器的工作电源，发现工作电源正常。

（2）检查视频线连接情况，发现视频线连接良好。

（3）检查后台计算机显卡输出，发现后台计算机显卡正确输出信息。

（4）检查显示器视频输入模式选择情况，发现视频输入模式与后台计算机输出模式不相符，修改视频输入模式，故障消除。

58. 画面某遥测信息关联不正确

故障现象

画面某遥测信息显示与实际不相符。

故障处理步骤和方法

（1）检查该遥测信息测控装置中的采集，发现测控装置能正确采集。

（2）检查后台对该遥测信息的采集情况，发现后台已经正确采集该遥测信息。

（3）检查画面中该遥测信息关联情况，发现关联错误。

（4）启动"画面编辑"工具，在画面中正确关联该遥测信息。

（5）故障消除后，检查画面该遥测信息与实际是否一致。

59. 画面某遥信信息关联不正确

故障现象

画面某遥信信息显示与实际不相符。

故障处理步骤和方法

（1）检查该遥信信息测控装置中的采集，发现测控装置能正确采集。

（2）检查后台对该遥信信息的采集情况，发现后台已经正确采集该遥信信息。

（3）检查画面中该遥信信息关联情况，发现关联错误。

（4）启动"画面编辑"工具，在画面中正确关联该遥信信息。

（5）故障消除后，核对画面该遥信信息与实际是否一致。

60. 后台某遥信描述定义错位

故障现象

某遥信动作时，后台监控告警窗弹出告警信息与该遥信不相符。

故障处理步骤和方法

（1）检查该遥信测控装置采集情况，发现测控装置能正确采集。

（2）检查后台该遥新信息采集情况，发现后台已正确采集该遥信信息。

（3）检查后台遥信库描述定义，发现该遥新的描述定义错误，修改正确后保存。

（4）故障消除后，该遥信动作，后台监控告警窗弹出告警信息与该遥信相符。

第八章

通讯网关机故障缺陷分析处理

1. 通讯网关机配置参数错误，导致一个遥信与实际状态不符

🔧 故障现象

主站收到的一个遥信位置与实际状态不符，影响故障分析。

📊 故障处理步骤和方法

（1）到现场检查遥信板，看到相应点的遥信状态是正确的，其测控装置的开入状态时正确的，且当地监控系统的遥信位置也正确，而主站显示该点正好与实际相反，初步判断是通讯网关机转发错误。

（2）连接到通讯网关机，检查配置参数，配置功能单元查看遥信点的设置，并查看该遥信点的状态，如若发现是由于该点的正、反极性设置导致应立即修改，修改后该点在主站的显示正确。

2. 通讯网关机配置参数错误，导致一个遥测信息与实际状态不符

🔧 故障现象

主站收到的一个遥测点的数值比实际值小一半，造成母线不平衡。

📊 故障处理步骤和方法

（1）到现场检查遥测板，看到相应点的 TA/TV 的接线正确，无松动、无缺相，检查外部回路无问题。

（2）连接到通讯网关机，检查配置参数，查看该遥测点的设置，检查其遥测点的转发系数是否正确，如发现该点变比设置错误，修改成正确的变比后，该点在主站的显示正确。

3. 通讯网关机转发表错误，导致一个遥测信息与实际状态不符

📋 故障现象

主站收到的一个遥测点的数值不正常。

📈 故障处理步骤和方法

（1）到现场检查遥测板，看到相应点的 TA/TV 的接线正确，无松动、无缺相，检查外部回路无问题。

（2）连接到通讯网关机，监视通讯网关机上传的报文，发现通信通畅无故障，基本可以判断是通讯网关机转发或配置参数的错误。

（3）检查通讯网关机的转发表，发现转发的点号错误，修改后重新下装，故障消除。

4. 通讯网关机转发表错误，导致遥控不成功

📋 故障现象

主站遥控选择正确后，下达执行命令，现场设备拒动。

📈 故障处理步骤和方法

（1）到现场检查并进行当地监控系统的遥控传动试验，如传动正确，则说明遥控回路良好。

（2）断开其他所有运行间隔的遥控压板，由主站重新下发针对试验间隔的选择命令、执行命令，发现测控装置没有反应，初步判断通讯网关机遥控转发点号错误。

（3）检查通讯网关机的遥控转发表，与主站核对遥控点号。发现问题后，修改后重新下装，重新遥控正确。

5. 通讯网关机装置故障，导致全站工况退出

📋 故障现象

主站发现某一变电站全站工况退出。

故障处理步骤和方法

（1）检查通道情况，确认通道正常，初步确定是现场故障。

（2）现场检查通讯网关机运行工况，发现运行灯都不亮，或运行灯亮同时故障灯也亮，判断是通讯网关机装置故障。

（3）这种情况一般是配置单通讯网关机或者是双通讯网关机的自动切换功能也同时出现故障，应及时重启通讯网关机，如无法解决其故障，应及时联系厂家人员。

6. 主站对变电站的某一个遥控无法执行

故障现象

主站进行遥控时，无法实现变电站的其中一个间隔的遥控，但其他间隔遥控正常。

故障处理步骤和方法

（1）由于其他间隔遥控正常，所以该通讯网关机与主站的通讯是正常的，应先检查变电站内的测控装置通讯状态。

（2）在变电站用当地监控系统再次进行该间隔的遥控传动试验，遥控也无法正确动作。

（3）检查测控装置的遥控回路无问题后，检查通讯网关机与该间隔测控的通讯状态，通过报文监视其遥控报文无法发送至测控装置，说明该测控与通讯网关机通讯异常，应进一步检查处理，更换测控装置通讯板后，遥控功能恢复正常。

7. 232 转 2M 的协议转换器设置错误，导致与主站 101 通讯故障

故障现象

与主站 101 通信持续环回状态。

故障处理步骤和方法

（1）检查通道状态，确认通道正常，无软件设置的环回。

（2）到现场检查通信 DTF 架，该路通道无硬件上的环回。

（3）到现场检查 E1 转换器，同轴电缆没有环回，但是发现 RX/TX 灯同时亮，初步判断是 2M 转换器的故障。

（4）检查 2M 转换器的拨轮，发现自环的拨轮在"1"的位置，复位后主站通讯恢复正常。

8. 101 通道防雷器接线错误，导致与主站 101 通信故障

故障现象

与主站 101 通信持续不通。

故障处理步骤和方法

（1）检查通道状态，确认通道正常，在主站侧可以监视到用软件设置的环回。

（2）到现场检查通信 DTF 架，在该路通道上设置硬件上的环回，在主站侧可以监视到。

（3）到现场 2M 转换器的拨轮做环回，在主站侧可以监视到。

（4）至此，判断通道完全正确，问题出在 232 接线或者通讯网关机设置错误。

（5）检查现场 2M 转换器的 232 接口向测控屏端子排的接线，发现经过防雷器到通讯网关机的串口，防雷器的输入/输出侧接反了，导致通信故障。

9. 通讯网关机的串口 RS-232 接线错误，导致与主站 101 通信故障

故障现象

厂站与主站 101 通信持续不通。

故障处理步骤和方法

（1）联系通信，确认通道正常，在主站侧可以监视到用软件设置的环回。

（2）到现场 2M 转换器的拨轮做环回，在主站侧可以监视到。

（3）至此，判断通道完全正确，问题出在 RS-232 接线或者通讯网关机设置错误。

（4）检查现场 2M 转换器的 RS-232 接口向测控屏端子排的接线，发现从通讯网关机出来的 RS-232 的接线的 RX/TX 接反了，更换接线后通信恢复正常。

10. 通讯网关机的配置参数错误，导致与主站 101 通道通信故障

🧑 故障现象

厂站与主站 101 通信报文不正确。

📉 故障处理步骤和方法

（1）对通道进行检查，在主站侧可以监视到用软件设置的环回，并且没有误码。

（2）检查通讯网关机的参数设置，与主站侧核对，发现两侧的奇偶校验不一致，设置一致后通信恢复正常。

11. 通讯网关机的配置参数错误，导致与主站 101 通道通信故障

🧑 故障现象

厂站与主站 101 通信报文不正确。

（1）对通道进行检查，在主站侧可以监视到用软件设置的环回，并且没有误码。

（2）检查通讯网关机的参数设置，与主站侧核对，发现两侧的波特率不一致，设置一致后通信恢复正常。

12. 通讯网关机的程序错误，导致主站 104 通信频繁通断

🧑 故障现象

主站通过 104 规约下发遥控命令时，104 规约频繁重启链路。

📉 故障处理步骤和方法

（1）主站监视 104 报文，发现下发遥控命令后，厂站侧返回的报文接收序号不连续，导致主站重新连接，查看报文，分析中断原

因，如频繁重新建立链路的原因是厂站造成的。

（2）厂站侧应检查 104 报文的格式，以及相关配置文件和版本，应选择与主站 104 报文一致的报文格式进行重新下装，并重启。

13. 通讯网关机的设置不适合，导致两个 104 通道的通信不能同时进行

故障现象

两套主站系统无法同时与同一个变电站进行 104 通信，只能在一个时间保持与一个主站系统进行通信。

故障处理步骤和方法

（1）两套主站系统分别对厂站的通信报文进行监视，发现一套系统建立链路后，隔一段时间会自动断开，而此时另外一套系统建立链路成功。

（2）在现场查看通讯网关机的设置，将对应的 2 个 TCP 连接的端口号设置为不同的数值，再观察通信报文正常。

14. 通讯网关机的配置设置不适合，导致 104 通道的通信频繁重新建立链路

故障现象

厂站能够响应主站的 104 建立链路请求，但是重启链路频繁。

故障处理步骤和方法

（1）主站监视与厂站的 104 通信报文，建立链路后，传输几帧 I 格式报文后，就重启链路。

（2）检查数据网及通道状况正常。

（3）现场检查通讯网关机设置，104 规约设置的"发送或测试 APDU 的超时"时间过短，导致链路频繁重启，把该参数设置为 60 秒后，通信恢复正常。

15. 通信通道状态不好，导致 104 通道的通信频繁重新建立链路

故障现象

厂站能够响应主站的 104 建立链路请求，但是重启链路频繁。

故障处理步骤和方法

（1）主站监视与厂站的 104 通信报文，建立链路后，传输报文的频率较低，会频繁重启链路。

（2）检查数据网及通道状况，数据网正常，通道丢包现象严重。

（3）进一步测试通道误码率，联系通讯专业处理后，通讯恢复正常。

16. 通讯网关机 101 规约程序出错，导致某一时刻很多变位信息上送

故障现象

厂站遥信、遥测信息正常，但经常会某一时刻很多变位信息上送。

故障处理步骤和方法

（1）主站与厂站的通信通道正常，遥测报文正常，但经常会有备通道补的某一时刻很多变位信息上送。

（2）监视主站与厂站的 104 通信报文，通信通道正常，通信报文正常。

（3）监视主站与厂站的 101 通信报文，通信通道正常，但是报文不正常，只能偶尔响应总召唤。

（4）产生备通道补的某一时刻很多变位信息上送的原因就是 101 通道偶尔响应主站的总召唤，把累积的变位信息上传给主站，而此时 104 通道早已经把变位信息上传了，2 个通道的信息不同，导致备通道补的信息。重启通讯网关机，101 报文恢复正常。

17. 下装组态的流程不规范，导致某一时刻很多变位信息上送

📧 **故障现象**

厂站上传信息变更，下装后，上传给主站很多不存在的变位信息。

📉 **故障处理步骤和方法**

（1）现场检查通讯网关机正常，与主站通信正常。

（2）等待一段时间，变位信息恢复正常。

（3）由于现场有 2 台通讯网关机，先下装的备机，备机重启后还未完全运行正常就开始下装主机，导致备机还未把所有信息都收集齐全就升级为主机，产生了很多误信息，当该机与所有装置通信完成后，收集到了所有正确的信息，再上传给主站的就是正确的信息了。

18. 通讯网关机参数不当，导致重启通讯网关机后很多变位信息上送

📧 **故障现象**

某一厂站与主站重新建立连接时，总会先上传很多误发的遥信信息。

📉 **故障处理步骤和方法**

（1）现场检查通讯网关机正常，与主站通信正常。

（2）等待一段时间，误变位信息恢复正常。

（3）重启通讯网关机后，能马上与主站通信，但此时传输的遥信信息很多是分位，遥测很多是 0。检查通讯网关机的参数配置，适当延长通道通信延时，让通讯网关机收集齐站内所有装置的信息后再与主站链接通信。

19. 通讯网关机不是双网配置，导致某一间隔的信息无法上传

📧 **故障现象**

厂站后台机能够监控该间隔的信息，但是主站采集不到该间隔

信息。

故障处理步骤和方法

（1）主站监视与厂站的 104 通信报文，通信通道正常，报文正常传输，但是该间隔信息数据为 0。

（2）厂站当地监控查看该间隔数据正常，检查通讯网关机转发表无问题。

（3）检查通讯网关机的设置，参数无误，查看通讯网关机与该间隔测控通信状态，为中断状态。

（4）查看该间隔通信设置，在间隔层是双网配置，但 A 网故障，通讯网关机是单网配置，主通信通道是 A 网上面的通讯网关机，所以采集不到该间隔的信息。

（5）检查 A 网通讯异常原因并处理，主站对该间隔监控恢复正常。

（6）尽快将通讯网关机改造成双机双网配置，防止类似异常再次发生。

20. 通讯网关机的配置参数错误，导致一点的 SOE 不上传

故障现象

在主站始终无法查询到一个点的 SOE 信息，但是有变位信息。

故障处理步骤和方法

（1）查看主站数据库设置正确，画面无人工置数或封锁数据，初步判断故障在厂站侧。

（2）主站与厂站数据库检查，两侧点号一致。

（3）现场检查后台机的信息，该点有 SOE 信息。

（4）检查通讯网关机的设置，发现是转发表内该点没设置转发SOE，修改后信息上传正确。

21. 通讯网关机的配置错误，导致新增的间隔信息不上传

故障现象

主站与厂站通信状态正常，但是新增的间隔信息不上传。

故障处理步骤和方法

（1）主站监视与厂站的通信报文，发现新增的间隔的信息都不传输。

（2）主站总召唤仍旧采集不到新增的间隔的信息，初步判断是厂站侧故障。

（3）现场查看当地监控系统，发现新增的间隔遥信、遥测状态正常，可以判断测控装置无故障，缩小故障范围在通讯网关机。

（4）检查通讯网关机的设置，发现主备机的配置不相同，原因是增容修改转发表后只修改了备机，主机的转发表并未更新。重新下装配置后，重启通讯网关机，与主站通信恢复正常。

22. 通讯网关机的配置错误，导致一个间隔信息不上传

故障现象

主站与厂站通信状态正常，但是一个间隔信息不上传。

故障处理步骤和方法

（1）主站监视与厂站的通信报文，发现该厂站主通道 101 中断了，与主站通讯是备通道 104 通信，通信状态正常，但该间隔信息不正确。

（2）现场查看当地监控系统，发现该间隔遥信、遥测状态正常，可以判断测控装置无故障，缩小故障范围在通讯网关机。

（3）检查通讯网关机的设置，发现 101、104 规约的转发表设置不同，该间隔信息修改后，只是修改了 101 主通道的转发表，当 101 通道中断，104 通道工作时，该间隔信息无法正确上传，修改后信息上传正确。

23. 通讯网关机的遥测死区设置过大，导致主站侧某一点遥测数据不刷新

故障现象

厂站与主站通信正常，其他遥测正常刷新，某一点的遥测值是死数据。

故障处理步骤和方法

(1) 查看主站数据库设置正确，画面无人工置数或封锁数据，初步判断故障在厂站侧。

(2) 在变电站监控系统中查看该点遥测正常刷新，说明测控装置的交流采样模块无问题。

(3) 检查通讯网关机的配置参数，与主站核对点号正确，不是点号错误导致数据不刷新。

(4) 检查通讯网关机该点的死区设置，发现死区值设置过大，导致数据不刷新。把死区值设为 0.1% 后，数据正常。

24. 通讯网关机的配置参数错误，导致主站侧某一点遥测数据比实际数值大 20%

故障现象

厂站与主站通信正常，其他遥测正常刷新，某一点的遥测值不正确。

故障处理步骤和方法

(1) 查看主站数据库设置正确，画面无人工置数或封锁数据，初步判断故障在厂站侧。

(2) 在变电站后台机查看该点遥测数据正确，证明测控装置的交流采样模块无问题。

(3) 检查通讯网关机的配置参数，与主站核对点号正确，不是点号错误导致数据不正确。

(4) 检查通讯网关机该点的系数，发现忘记缩小 1.2 倍了，修改后数据正确。

25. 通讯网关机的配置参数错误，导致主站侧遥测数据比实际数值大 20%

故障现象

厂站与主站通信正常，大部分遥测与实际不符。

故障处理步骤和方法

（1）查看主站数据库设置正确，画面无人工置数或封锁数据，初步判断故障在厂站侧。

（2）在变电站后台机查看该点遥测数据正确，证明测控装置的交流采样模块无问题。

（3）检查通讯网关机的配置参数，与主站核对点号正确，不是点号错误导致数据不正确。

（4）检查通讯网关机该点数据类型，是短浮点上传，与主站核对上送字节的顺序是从低到高还是从高到低，两侧应一致。

26. 通讯网关机的配置参数错误，导致主站遥控失败

故障现象

主站与厂站通信正常，但是遥控返校报文的原因是取消激活。

故障处理步骤和方法

（1）两侧核对遥控点表，顺序正确。

（2）检查变电站的测控装置及遥控压板和把手位置都正确。

（3）检查通讯网关机的配置参数，发现厂站侧配置了双点遥控，而主站侧是单点遥控，修改一致后，重启通讯网关机后遥控正常。

27. 测控装置有遥控闭锁的信号，导致主站遥控失败

故障现象

主站与厂站通信正常，遥控选择成功，但是遥控执行失败。

故障处理步骤和方法

（1）主站与厂站两侧核对遥控点表，顺序正确。

（2）通讯网关机能监视到主站下发的遥控选择报文，返回的确认报文，该间隔的遥信、遥测正常刷新，初步判断是测控装置的遥控有闭锁。

（3）检查测控装置，发现其操作把手在"就地"位置，所以无法执行主站的遥控执行报文，将把手改至"远方"位置，遥控执行

成功。

28. 通讯网关机的遥控转发表错误，导致主站遥控失败

故障现象

主站与厂站通信正常，但是遥控选择后返校错误。

故障处理步骤和方法

（1）在当地监控进行遥控传动试验，传动正确，说明遥控回路良好。

（2）主站与厂站两侧核对遥控点表，发现点号不一致，修改一致后，遥控正常。

29. 通信通道质量不好，导致主站 101 通信遥控成功率不高

故障现象

主站与厂站 101 通信比较正常，但遥控成功率不高。

故障处理步骤和方法

（1）监视主站与厂站通信报文，发现有时遥控选择报文无返校报文回来，怀疑通道质量不好。

（2）检查通道状态，发现误码率比较高，降低波特率后，遥控成功率提高了。

30. 通讯网关机的控制把手在"禁止遥控"位置，导致主站无法遥控

故障现象

主站遥控变电站的所有遥控均无法执行。

故障处理步骤和方法

（1）查看该站的通信通道，通道正常，遥测、遥信正常刷新，初步判断是厂站侧故障。

（2）现场查看通讯网关机，运行灯正常，报文传输正常。

（3）通信管理机屏的"禁止/允许遥控"把手在禁止位置，导

致全站遥控不成功。把手在允许位置后，遥控正常。

31. 通讯网关机配置参数错误，主站无法进行某一变电站的遥控

故障现象

主站遥控变电站的所有遥控均无法执行。

故障处理步骤和方法

（1）查看该站的通信通道，通道正常，遥测、遥信正常刷新，初步判断是厂站侧故障。

（2）现场查看通讯网关机，运行灯正常，报文传输正常。

（3）检查通讯网关机的参数设置，发现"允许远方遥控"的参数没有设置为1，修改后该站主站远方遥控正常。

32. 厂站有重要遥信变位遥信，主站无法进行遥控

故障现象

主站对变电站进行遥控，有时执行成功，有时执行不成功。

故障处理步骤和方法

（1）查看该站的通信通道，通道正常，遥测、遥信正常刷新。

（2）现场查看通讯网关机，运行灯正常，报文传输正常。

（3）此时，应查看主站和厂站的遥控报文，并分析报文，分析执行不成功的报文，可以发现报文中含有重要的遥信变位，导致遥控报文中断，为了防止事故发生时，遥控合闸造成事故的扩大，所以在101和104规约中，对于遥控中发生重要遥信变位时会中断遥控操作。所以这种异常不需要进行处理，只需重新执行即可。

第九章

通讯回路故障缺陷分析处理

1. 调控主站某 101 通道 MODEM 板故障

故障现象

此变电站 101 通道中断。

故障处理步骤和方法

（1）在调控主站监视此站相应的 101 通道报文，发现故障的 101 通道下行报文正常，没有上行报文。

（2）借助通讯设备和通讯系统，以调控主站为监控点，对调控主站系统内部通讯架上打环，仍然存在故障，可以确定调控主站侧内部存在问题。

（3）检查此 101 通道 MODEM 板，发现 MODEM 板存在故障，更换 MODEM 板，通道恢复正常。

（4）通道恢复后，调控主站本变电站多路通道间、调控主站与变电站进行数据核对，确保此 101 通道已经恢复正常，故障缺陷处理完成。

2. 调控主站系统至通讯主站系统间存在断路

故障现象

对应厂站某路通道中断。

故障处理步骤和方法

（1）在调控主站监视此站相应的通道报文，发现故障的通道下行报文正常，没有上行报文。

（2）借助通讯设备和通讯系统，以调控主站为监控点，在调控主站系统内部通讯架上打环，上下行报文一致，可以确定调控主站系统内部没有问题；以调控主站为监控点，在通讯系统主站上打环，下行报文正常，没有上行报文，表明调控主站至通讯系统主站间存在故障。

（3）检查调控主站至通讯系统主站间通道回路，找到故障点，进行消缺，恢复通讯通道。

（4）通道恢复后，调控主站本变电站多路通道间、调控主站与变电站进行数据核对，确保此通道已经恢复正常，故障缺陷处理完成。

3. 某路通讯通道故障

故障现象

此路通讯通道对应的业务通道中断。

故障处理步骤和方法

（1）在调控主站监视此路通讯通道对应的业务通道报文，发现通道下行报文正常，没有上行报文。

（2）借助通讯设备和通讯系统，以调控主站为监控点，对此路通讯通道对应的业务通道进行多点打环，包括主站系统内部通讯架、通讯系统主站、通讯系统各连接点、通讯系统厂站、变电站通讯架等位置，发现调控主站系统内部通讯架和通讯系统主站上打环后，上下行报文一致，可以确定调控主站系统内部以及通讯系统主站至调控主站系统间没有故障。但在通讯系统厂站和变电站通讯架上打环，下行报文正常，没有上行报文，表明通讯通道中断。依照通讯系统各连接点打环情况，对通道故障点进行排查。

（3）确定故障点后，进行故障处理，通道恢复正常。

（4）通道恢复后，调控主站本变电站多路通道间、调控主站与变电站进行数据核对，确保此通道对应的业务已经恢复正常，故障缺陷处理完成。

4. 变电站通讯架至变电站数据网设备间存在故障

故障现象

此变电站对应的 104 通道中断。

📉 故障处理步骤和方法

（1）在调控主站监视此站相应的 104 通道报文，发现中断的 104 通道只有下行报文，没有上行报文。

（2）依托调控主站系统，进行通道检查，发现不能 ping 到站内此路数据网路由器和交换机，以及变电站内监控系统通讯网关机，可以确定调控主站至变电站数据网设备间存在故障。

（3）借助通讯设备和通讯系统，以调控主站为监控点，对此 104 通道进行多点打环，包括主站系统内部通讯架、通讯系统主站、通讯系统各连接点、通讯系统厂站、变电站通讯架等位置，发现所有点打环后，上下行报文都一致，可以确定调控主站至变电站通讯架间没有故障。

（4）经过以上两步的排查，可以确定变电站通讯架至变电站数据网设备间存在故障，经过对通讯回路的逐步排查，找到故障点，进行消缺，通道恢复正常。

（5）通道恢复后，调控主站本变电站多路通道间、调控主站与变电站进行数据核对，确保本路 104 通道已经恢复正常，故障缺陷处理完成。

5. 变电站 101 通道通讯架至监控系统通讯网关机间存在断点

🔲 故障现象

此变电站对应的 101 通道中断。

📉 故障处理步骤和方法

（1）在调控主站监视此站相应的 101 通道报文，发现中断的 101 通道只有下行报文，没有上行报文。

（2）借助通讯设备和通讯系统，以调控主站为监控点，对此 101 通道进行多点打环，包括主站系统内部通讯架、通讯系统主站、通讯系统各连接点、通讯系统厂站、变电站通讯架等位置，发现所有点打环后，上下行报文都一致，可以确定调控主站至变电站通讯架间没有故障。

（3）在调控主站监视到此变电站其他通道都正常，数据都与现场实际相符，表明变电站监控系统内部没有故障。

（4）检查通讯网关机本路 101 通道各类参数设置，没有发现错误。

（5）使用模拟主站，直接与通讯网关机此 101 通道进行连接，发现能正常通讯，可以判定通讯网关机到变电站通讯架间存在断点。

（6）通过对通讯网关机到变电站通讯架间通讯回路进行逐步排查，找到断点，进行消缺，通道恢复正常。E 转换器是最大的故障点，故障缺陷排查时重点关注。

（7）通道恢复后，调控主站本变电站多路通道间、调控主站与变电站进行数据核对，确保本路 101 通道已经恢复正常，故障缺陷处理完成。

6. 变电站 101 通道通讯架至监控系统通讯网关机间存在干扰

故障现象

此变电站对应的 101 通道误码率较高，可能伴随相应的 101 通道时通时断。

故障处理步骤和方法

（1）在调控主站监视此站相应的 101 通道报文，发现中断的 101 通道下行报文正常，上行报文伴随较高误码率。

（2）借助通讯设备和通讯系统，以调控主站为监控点，对此 101 通道进行多点打环，包括主站系统内部通讯架、通讯系统主站、通讯系统各连接点、通讯系统厂站、变电站通讯架等位置，发现所有点打环后，上下行报文都一致，可以确定调控主站至变电站通讯架间没有故障。

（3）在调控主站监视到此变电站其他通道都正常，数据都与现场实际相符，表明变电站监控系统内部没有故障。

（4）检查通讯网关机本路 101 通道各类参数设置，没有发现错误。

（5）使用模拟主站，直接与通讯网关机此 101 通道进行连接，发现能正常通讯，通道没有误码率，可以判定通讯网关机到变电站通讯架间存在故障。

（6）通过对通讯网关机到变电站通讯架间通讯回路进行逐步排查，找到故障点，进行消缺，通道恢复正常。E 转换器是最大的故障点，故障缺陷排查时重点关注。

（7）通道恢复后，调控主站本变电站多路通道间、调控主站与变电站进行数据核对，确保本路 101 通道已经恢复正常，故障缺陷处理完成。

7. 通讯管理机至站内数据网交换机通道回路存在断路

故障现象

调控主站相应的变电站 104 通道中断。

故障处理步骤和方法

（1）在调控主站监视此站相应的 104 通道报文，发现中断的 104 通道只有下行报文，没有上行报文。

（2）通过调控主站系统，进行通道检查，发现可以 ping 到站内此路数据网路由器和交换机，但不能 ping 到站内监控系统通讯网关机，可以确定变电站此路 104 通道对应的数据网至主站间不存在故障。

（3）其他与调控主站通讯的通道没有中断现象，数据都与现场实际相符，表明变电站监控系统内部没有故障。

（4）检查通讯网关机本路 104 通道各类参数设置，没有发现错误。

（5）使用模拟主站，直接与通讯网关机此 104 通道连接，发现能正常通讯。可以判定通讯网关机到站内数据网交换机间存在断点。

（6）针对此路 104 通道，检查从通讯网关机至站内数据网交换机回路，包括网口、网线、光电转接盒、同轴电缆、通讯架、光纤、光缆等，找出断点，进行故障缺陷消除，通道恢复正常。

（7）通道恢复后，调控主站本变电站多路通道间、调控主站与变电站进行数据核对，确保本路 104 通道已经恢复正常，故障缺陷处理完成。

8. 通讯管理机至站内数据网交换机通道存在干扰

故障现象

变电站与调控主站通讯相应的 104 通道误码率较高，可能伴随相应的 104 通道时通时断。

故障处理步骤和方法

（1）在调控主站监视此站相应的 104 通道报文，发现故障的 104 通道下行报文正常，上行报文误码率较高。

（2）借助通讯设备和通讯系统，以调控主站为监控点，对故障 104 通道进行多点打环，包括主站系统内部通讯架、通讯系统主站、通讯系统各连接点、通讯系统厂站、变电站通讯架等位置，发现所有点打环后，上下行报文都一致，可以确定调控主站至变电站通讯架间没有故障。

（3）其他与调控主站通讯的通道没有中断现象，数据都与现场实际相符。表明通讯网关机信息采集控制通讯回路不存在故障。

（4）检查通讯网关机本路 104 通道各类参数设置，没有发现错误。

（5）使用模拟主站，直接与通讯网关机此 104 通道连接，发现能正常通讯，可以判定通讯网关机到站内数据网交换机间存在干扰。

（6）针对此路 104 通道，检查从通讯网关机至站内数据网交换机回路，包括网口、网线、光电转接盒、同轴电缆、通讯架、光纤、光缆等，找出干扰点，进行故障缺陷消除，通道恢复正常。

（7）通道恢复后，调控主站本变电站多路通道间、调控主站与变电站进行数据核对，确保本路 104 通道已经恢复正常，故障缺陷处理完成。

9. 通讯网关机 101 通道地址、中心频率、波特率参数设置错误

故障现象

此 101 通道中断。

✎ 故障处理步骤和方法

（1）调控主站观察到此 101 通道中断，只有下行报文，没有上行报文。

（2）厂站通讯网关机此 101 通道没有收到主站报文，表明通道处于中断状态。

（3）检查调控主站此 101 通道参数设置和变电站通讯网关机此 101 通道参数，发现变电站通讯网关机此 101 通道地址、中心频率、波特率设置存在错误，对其进行修改，缺陷故障消除，通道恢复正常。

（4）通道恢复后，调控主站本变电站多路通道间、调控主站与变电站进行数据核对，确保本路 101 通道已经恢复正常，故障缺陷处理完成。

10. 通讯网关机 101 通道频偏设置错误

✎ 故障现象

此 101 通道误码率较高。

✎ 故障处理步骤和方法

（1）调控主站观察到此 101 通道误码率较高。

（2）变电站通讯网关机上能够显示此 101 通道上下行报文正常。

（3）从通讯网关机此路 101 通道连接 232 上给调控主站打环，调控主站观察到上下行报文一致，通道不存在干扰。

（4）检查变电站通讯网关机此 101 通道参数，发现变电站通讯网关机此 101 通道频偏设置存在错误，对其进行修改，缺陷故障消除，通道恢复正常。

（5）通道恢复后，调控主站本变电站多路通道间、调控主站与变电站进行数据核对，确保本路 101 通道已经恢复正常，故障缺陷处理完成。

11. 通讯网关机 104 通道参数设置错误

✎ 故障现象

此 104 通道中断。

故障处理步骤和方法

（1）调控主站观察到此104通道中断，只有下行报文，没有上行报文。

（2）厂站通讯网关机此104通道没有收到主站报文，表明通道处于中断状态。

（3）检查调控主站此104通道参数设置和变电站通讯网关机此104通道参数，发现变电站通讯网关机此104通道参数设置存在错误，对其进行修改，缺陷故障消除，通道恢复正常。

（4）通道恢复后，调控主站本变电站多路通道间、调控主站与变电站进行数据核对，确保本路104通道已经恢复正常，故障缺陷处理完成。

12. 某通讯网关机与站控层交换机某路网络存在断路，以A网断路为例，通讯网关机A网与站控层交换机存在断路，B网正常

故障现象

此通讯网关机A网采集中断，B网正常。

故障处理步骤和方法

（1）用调试笔记本电脑连接站控层A网交换机，ping此通讯网关机地址，发现无法ping通，可以确定为A网交换机至此通讯网关机存在断路。

（2）检查通讯网关机上与A网站控层交换机接口的参数设置，发现参数设置正确。

（3）对此通讯网关机至A网交换机间网络连接检查包括三步，首先检查通讯网关机上网口连接状况，保证网口正常连接；其次检查A网交换机网口连接状况，保证网口正常连接；最后用网线测试仪测试网线通断情况，网线如存在断路，先处理RJ45头，如仍然无法消除断路，可以剪掉RJ45头，使用万用表进行网线测试，网线如不存在问题重做RJ45头可消除故障，网线如存在故障只能更换网线。

（4）进行处理后，故障消除，A 网采集恢复，将此通讯网关机切至备机状态，切断 B 网，观察此通讯网关机数据采集情况，保证 A 网可以正确采集以后，再恢复 B 网连接。

13. 某通讯网关机与站控层交换机某路网络存在断路，以 A 网断路为例，通讯网关机 A 网与站控层交换机存在断路，B 网正常

🖳 故障现象

此通讯网关机 A 网采集中断，B 网正常。

📉 故障处理步骤和方法

（1）用调试笔记本电脑连接站控层 A 网交换机，ping 此通讯网关机地址，发现无法 ping 通，可以确定为 A 网交换机至此通讯网关机存在断路。

（2）检查通讯网关机上与 A 网站控层交换机接口的参数设置，发现参数设置错误，修改参数后，网关机 A 网采集全部恢复，故障消除。

（3）进行处理后，故障消除，A 网采集恢复，将此通讯网关机切至备机状态，切断 B 网，观察此通讯网关机数据采集情况，保证 A 网可以正确采集以后，再恢复 B 网连接。

14. 站控层交换机故障，以 A 网交换机故障为例，站控层 A 网交换机故障，B 网交换机正常

🖳 故障现象

A 网采集全部中断，通讯网关机和后台都发现站内全部设备 A 网采集故障。

📉 故障处理步骤和方法

（1）由于通讯网关机和后台都发现 A 网采集故障，首先 A 网交换机。

（2）检查 A 网交换机如能直接发现故障点，可以直接根据故障情况进行消缺；若不能直接发现故障，用调试笔记本电脑连接此交换机，并将连接网卡地址设成次网段，再 ping 任何 A 网设备，发现都不通，这种情况下只能更换 A 网交换机，才能完全消除故障。

（3）进行处理后，故障消除，A 网采集恢复。恢复一段时间后，最好超过 10 分钟，将后台机至 B 网网线断开，观察后台机数据采集情况，确保 A 网可以正确采集以后，再恢复 B 网连接。

15. 后台机至站控层交换机网络存在断路，以 A 网故障为例，站控层 A 网交换机至后台机存在故障，B 网正常

故障现象

此后台机 A 网采集全部设备中断，B 网采集全部设备正常。

故障处理步骤和方法

（1）由于此后台机 A 网采集全部设备中断，B 网采集全部设备正常，表明后台机 A 网连接故障。

（2）检查后台机 A 网接口参数设置，发现参数设置没有错误。

（3）对后台机至站控层 A 网交换机的网络连接检查包括三步，首先检查后台机上网口连接状况，保证网口正常连接；其次检查站控层 A 网交换机此路网线连接状况，保证网口正常连接；最后用网线测试仪测试网线通断情况，网线如存在断路，先处理 RJ45 头，如仍然无法消除断路，可以剪掉 RJ45 头，使用万用表进行网线测试，网线如不存在问题重做 RJ45 头可消除故障，网线如存在故障只能更换网线。

（4）在此后台机上检查 A 网采集设备通讯情况，发现 A 网采集全部设备已经通讯正常。

16. 后台机上至站控层交换机网络接口参数设置错误，以 A 网接口参数设置错误为例

故障现象

此后台机 A 网采集全部设备中断。

🗲 **故障处理步骤和方法**

（1）由于此后台机 A 网采集全部设备中断，表明后台机 A 网连接故障。

（2）检查后台机 A 网接口参数设置，发现参数设置错误，修改参数后，故障消除，后台机 A 网采集全部恢复。

17. 综合自动化总控型变电站，后台机至总控间通讯链路存在故障

🔋 **故障现象**

此后台机所有数据异常。

🗲 **故障处理步骤和方法**

（1）此后台机不能采集全站数据，但调控主站数据采集正常，表明总控装置正常。

（2）后台机本身或后台机至总控间通讯链路故障。

（3）这种情况应先检查后台机至总控间通讯链路，发现后台机此路通道处于断开状态。

（4）检查总控和后台机连接通讯口的设置，没有发现问题。

（5）仔细检查后台机至总控间通讯链路，可以找到故障点，并进行消缺，后台机数据异常故障消除。

（6）故障消除后，核对后台机与现场实际，保证后台机全站数据准确。

18. 综合自动化总控型变电站，后台机上后台机至总控间连接通讯口设置错误

🔋 **故障现象**

此后台机所有数据异常。

🗲 **故障处理步骤和方法**

（1）此后台机不能采集全站数据，但调控主站数据采集正常，表明总控装置正常。

（2）后台机本身或后台机至总控间通讯链路故障。

（3）这种情况应先检查后台机至总控间通讯链路，发现后台机此路通道处于断开状态。

（4）检查总控和后台机连接通讯口的设置，发现后台机连接通讯口错误，修改通讯口设置，后台机数据异常故障消除。

（5）故障消除后，核对后台机与现场实际，保证后台机全站数据准确。

19. 综合自动化总控型变电站，总控上后台机至总控间连接通讯口设置错误

故障现象

此后台机所有数据异常。

故障处理步骤和方法

（1）此后台机不能采集全站数据，但调控主站数据采集正常，表明总控装置正常。

（2）后台机本身或后台机至总控间通讯链路故障。

（3）这种情况应先检查后台机至总控间通讯链路，发现后台机此路通道处于断开状态。

（4）检查总控和后台机连接通讯口的设置，发现总控连接通讯口错误，修改通讯口设置，后台机数据异常故障消除。

（5）故障消除后，核对后台机与现场实际，保证后台机全站数据准确。

20. 站控层交换机与测控装置、保护等信息采集设备连接回路存在断路，以 A 网断路为例，测控装置、保护等信息采集设备至站控层交换机 A 网连接回路存在故障，B 网正常

故障现象

某测控装置、保护等信息采集设备 A 网中断，B 网正常。

故障处理步骤和方法

（1）调控主站和后台机上都可以看到某测控装置、保护等信息采集设备 A 网中断，B 网正常，且其他设备 A 网正常，表明某测控装置、保护等信息采集设备存在故障，或者站控层交换机至某测控装置、保护等信息采集设备间存在中断。

（2）检查某测控装置、保护等信息采集设备的 A 网口参数设置，发现参数设置正确。

（3）对某测控装置、保护等信息采集设备至站控层 A 网交换机的网络连接检查包括三步，首先检查某测控装置、保护等信息采集设备上网口连接状况，保证网口正常连接；其次检查站控层 A 网交换机此路网线连接状况，保证网口正常连接；最后用网线测试仪测试网线通断情况，网线如存在断路，先处理 RJ45 头，如仍然无法消除断路，可以剪掉 RJ45 头，使用万用表进行网线测试，网线如不存在问题重做 RJ45 头可消除故障，网线如存在故障只能更换网线。

（4）经过处理，故障消除，发现调控主站和后台机某测控装置、保护等信息采集设备 A 网通讯都已经恢复。

21. 测控装置、保护等信息采集设备上与站控层交换机连接口参数设置错误，以 AB 网都中断为例，测控装置、保护等信息采集设备上与站控层交换机 AB 网连接口参数设置都存在错误

故障现象

某测控装置、保护等信息采集设备 AB 网全部中断，无法采集此设备的信息。

故障处理步骤和方法

（1）调控主站和后台机上都可以看到某测控装置、保护等信息采集设备 AB 网都中断。

（2）检查某测控装置、保护等信息采集设备的网口参数设置，发现 AB 网参数设置都存在错误，修改参数后，调控主站和后台机上都可以发现此设备 AB 网通讯都已恢复，可以正常采集此设备信息。

22. 智能化变电站测控装置至智能终端通讯回路存在断路

故障现象

此测控装置无法连接相应的智能终端。

故障处理步骤和方法

（1）智能终端与测控装置间的通讯回路有多种方式，可以是直接网线连接，也可以是直接光纤连接，也可通过交换机连接，交换机可采用 vlen 方式或定向设置方式组网。先确定连接方式。

（2）检查测控装置、智能终端和交换机的运行状况，保证这些设备都正常运行。

（3）检查测控装置、智能终端和交换机网络连接口，保证网络连接口正常。

（4）检查测控装置和智能终端网络连接口设置，发现设置全部正确。

（5）逐步检查中间连接，如果采用网线连接，用网线测试仪测试网线通断情况，网线如存在断路，先处理 RJ45 头，如仍然无法消除断路，可以剪掉 RJ45 头，使用万用表进行网线测试，网线如不存在问题重做 RJ45 头可消除故障，网线如存在故障只能更换网线。如采用光纤和光缆连接，先用检查光纤各连接点连接状况，然后用光纤测试仪测试各段光通道，找出故障后对故障点进行处理，消除故障。如中间存在交换机，先检查相连接的交换机的运行状况；再通过 ping 方式检查交换机和各网络连接段是否存在故障，拔掉与测控装置连接网线，通过此网口连接调试笔记本（同网段），ping 此智能终端，接上与测控装置连接网线，拔掉与智能终端连接网线，通过此网口连接调试笔记本（同网段），ping 测控装置，全 ping 不通表明交换机内部故障（也有可能调试笔记本存在故障），有一个 ping 不通，表明这一段存在故障，交换机本身无故障。

（6）进行故障处理，通讯恢复，对此智能终端采集信息部分实验验证，正确后，故障缺陷处理完成。

23. 智能化变电站测控装置上至智能终端的通讯口参数设置错误

故障现象

此测控装置无法连接相应的智能终端。

故障处理步骤和方法

（1）智能终端与测控装置间的通讯回路有多种方式，可以是直接网线连接，也可以是直接光纤连接，也可通过交换机连接，交换机可采用 vlen 方式或定向设置方式组网。先确定连接方式。

（2）检查测控装置、智能终端和交换机的运行状况，保证这些设备都正常运行。

（3）检查测控装置、智能终端和交换机网络连接口，保证网络连接口正常。

（4）检查测控装置、智能终端和交换机网络连接口设置，发现测控装置上此网口设置存在错误。修改测控装置上网络连接口设置，通讯状态恢复。

（5）进行故障处理，通讯恢复，对此智能终端采集信息部分实验验证，正确后，故障缺陷处理完成。

24. 智能化变电站智能终端上至测控装置的通讯口参数设置错误

故障现象

此测控装置无法连接相应的智能终端。

故障处理步骤和方法

（1）智能终端与测控装置间的通讯回路有多种方式，可以是直接网线连接，也可以是直接光纤连接，也可通过交换机连接，交换机可采用 vlen 方式或定向设置方式组网。先确定连接方式。

（2）检查测控装置、智能终端和交换机的运行状况，保证这些设备都正常运行。

（3）检查测控装置、智能终端和交换机网络连接口，保证网络连接口正常。

（4）检查测控装置、智能终端和交换机网络连接口设置，发现智能终端上此网口设置存在错误。修改智能终端上网络连接口设置，通讯状态恢复。

（5）进行故障处理，通讯恢复，对此智能终端采集信息部分实验验证，正确后，故障缺陷处理完成。

25. 智能化变电站测控装置至合并单元通讯回路存在断路

故障现象

此测控装置无法连接到相应的合并单元。

故障处理步骤和方法

（1）合并单元与测控装置间的通讯回路有多种方式，可以是直接网线连接，也可以是直接光纤连接，也可通过交换机连接，交换机可采用 vlen 方式或定向设置方式组网。先确定连接方式。

（2）检查测控装置、合并单元和交换机的运行状况，保证这些设备都正常运行。

（3）检查测控装置、合并单元和交换机网络连接口，保证网络连接口正常。

（4）检查测控装置、合并单元和交换机网络连接口设置，设置全部正确。

（5）逐步检查中间连接，如果采用网线连接，用网线测试仪测试网线通断情况，网线如存在断路，先处理 RJ45 头，如仍然无法消除断路，可以剪掉 RJ45 头，使用万用表进行网线测试，网线如不存在问题重做 RJ45 头可消除故障，网线如存在故障只能更换网线。如采用光纤和光缆连接，先用检查光纤各连接点连接状况，然后用光纤测试仪测试各段光通道，找出故障后对故障点进行处理，消除故障。如中间存在交换机，先检查相连接的交换机的运行状况；再通过 ping 方式检查交换机和各网络连接段是否存在故障，拔掉与测控装置连接网线，通过此网口连接调试笔记本（同网段），

ping 此合并单元，接上与测控装置连接网线，拔掉与合并单元连接网线，通过此网口连接调试笔记本（同网段），ping 测控装置，全 ping 不通表明交换机内部故障（也有可能调试笔记本存在故障），有一个 ping 不通，表明这一段存在故障，交换机本身无故障。

（6）进行故障处理，通讯恢复，对此合并单元采集信息进行核对，全部正确后，故障缺陷处理完成。

26. 智能化变电站测控装置上至合并单元的通讯口参数设置错误

📇 故障现象

此测控装置无法连接相应的合并单元。

📉 故障处理步骤和方法

（1）合并单元与测控装置间的通讯回路有多种方式，可以是直接网线连接，也可以是直接光纤连接，也可通过交换机连接，交换机可采用 vlen 方式或定向设置方式组网。先确定连接方式。

（2）检查测控装置、合并单元和交换机的运行状况，保证这些设备都正常运行。

（3）检查测控装置、合并单元和交换机网络连接口，保证网络连接口正常。

（4）检查测控装置、合并单元和交换机网络连接口设置，发现测控装置上此网口设置存在错误。修改测控装置上网络连接口设置，通讯状态恢复。

（5）进行故障处理，通讯恢复，对此合并单元采集信息进行核对，全部正确后，故障缺陷处理完成。

27. 智能化变电站合并单元上至测控装置的通讯口参数设置错误

📇 故障现象

此测控装置无法连接相应的合并单元。

故障处理步骤和方法

（1）合并单元与测控装置间的通讯回路有多种方式，可以是直接网线连接，也可以是直接光纤连接，也可通过交换机连接，交换机可采用 vlen 方式或定向设置方式组网。先确定连接方式。

（2）检查测控装置、合并单元和交换机的运行状况，保证这些设备都正常运行。

（3）检查测控装置、合并单元和交换机网络连接口，保证网络连接口正常。

（4）检查测控装置、合并单元和交换机网络连接口设置，发现合并单元上此网口设置存在错误。修改合并单元与上网络连接口设置，通讯状态恢复。

（5）进行故障处理，通讯恢复，对此合并单元采集信息进行核对，全部正确后，故障缺陷处理完成。

28. 智能化变电站合并单元或智能终端至测控装置间交换机端口设置错误

故障现象

此测控装置无法连接相应的合并单元或智能终端。

故障处理步骤和方法

（1）合并单元或智能终端与测控装置间的通讯回路有多种方式，可以是直接网线连接，也可以是直接光纤连接，也可通过交换机连接，交换机可采用 vlen 方式或定向设置方式组网。先确定连接方式。

（2）检查测控装置、合并单元或智能终端与、交换机的运行状况，保证这些设备都正常运行。

（3）检查测控装置、合并单元或智能终端、交换机网络连接口，保证网络连接口正常。

（4）检查测控装置、合并单元或智能终端、交换机网络连接口设置，发现交换机上此网口设置存在错误。修改交换机上网络连接口设置，通讯状态恢复。

（5）进行故障处理，通讯恢复，对此合并单元或智能终端采集信息进行核对，全部正确后，故障缺陷处理完成。

29. 规约转换装置与采集装置间通讯回路存在断路

故障现象

此规约转换装置与某采集装置通道中断。

故障处理步骤和方法

（1）规约转换装置与某采集装置通道中断，检查规约转换装置与某采集装置运行状况，发现都正常运行。

（2）检查规约转换装置与某采集装置的通讯口连接状态，保证有效连接。

（3）检查规约转换装置与某采集装置的通讯口参数设置，保证参数口正确连接。

（4）目前规约转换装置与采集装置的连接一般采用 RS485 或者 RS232，借助万用表通断档，采用逐级分段检查方式确定故障点，进行处理。

（5）故障处理后通讯恢复，对此采集装置采集信息进行核对，正确后，故障缺陷处理完成。

30. 规约转换装置上与连接某采集装置的通讯口参数设置错误

故障现象

此规约转换装置与某采集装置通道中断。

故障处理步骤和方法

（1）规约转换装置与某采集装置通道中断，检查规约转换装置与某采集装置运行状况，发现都正常运行。

（2）检查规约转换装置与某采集装置的通讯口连接状态，保证有效连接。

（3）检查规约转换装置与某采集装置的通讯口参数设置，发现规约转换装置上参数通讯口参数设置错误，修改相应的参数。

（4）故障处理后通讯恢复，对此采集装置采集信息进行核对，正确后，故障缺陷处理完成。

31. 某采集装置上与规约转换装置连接的通讯口参数设置错误

故障现象

此规约转换装置与某采集装置通道中断。

故障处理步骤和方法

（1）规约转换装置与某采集装置通道中断，检查规约转换装置与某采集装置运行状况，发现都正常运行。

（2）检查规约转换装置与某采集装置的通讯口连接状态，保证有效连接。

（3）检查规约转换装置与某采集装置的通讯口参数设置，发现采集装置上参数通讯口参数设置错误，修改相应的参数。

（4）故障处理后通讯恢复，对此采集装置采集信息进行核对，正确后，故障缺陷处理完成。

第十章

变电站数据网及二次安防故障缺陷分析处理

1. 交换机端口聚合模式配置不当，导致业务拥塞故障

故障现象

为扩展链路带宽交换机与路由器之间配置端口聚合后，发现在应用高峰时段业务出现拥塞，响应慢。

故障处理步骤和方法

（1）查看聚合端口信息，发现聚合端口配置正确、工作正常。

（2）查看聚合组内成员端口 G2/1 接口信息、与 G2/2 接口信息，如图 10-1 所示。

```
<msr5040>dis int GigabitEthernet 2/1
GigabitEthernet2/1 current state：UP
Last 300 seconds input：  28280 packets/sec 5251220
bytes/sec 5%
Last  300  seconds  output：      77950  packets/sec
82895890 bytes/sec 87%
<msr5040>dis int GigabitEthernet 2/2
GigabitEthernet2/2 current state：UP
Last 300 seconds input：  23260 packets/sec 5153480
bytes/sec 6%
Last 300 seconds output：  7655 packets/sec 8895890
bytes/sec 9%
```

图 10-1　聚合组内成员端口信息

可以看出接口 G2/1 出方向带宽利用率 87%，数据发送拥塞。

（3）查看端口负载分担方式，如图 10-2 所示。

```
<msr5040>dis link-aggregation  load-sharing  mode
Link-Aggregation Load-Sharing Mode
Layer 2 traffic：destination-mac address, source-
mac address,
```

图 10-2　端口负载分担信息

可以看出负载分担根据 DMAC + SMAC 算法 hash 出来，数据可以实现负载分担。

（4）进过业务抓包分析到目标 mac 地址为奇数的都从 G2/1 发出、目标 mac 地址为偶数的都从 G2/2 发出，而业务服务器网卡接口大多数都是奇数 mac 地址，所以造成大量数据包都是从 G2/1 发出。

（5）手动更改部分服务器网卡 mac 地址为偶数，拥塞故障解决。

（6）或者在端口聚合组中增加一个端口 G2/3 形成 3 个端口组成聚合，则奇数 mac 地址可分别从 G2/1 和 G2/3 发出，故障解决。

2. 核心交换机 VLAN 配置不全，导致新增业务 VLAN 不通

故障现象

两端接入交换机上新增业务 VLAN 20 后，新增业务 VLAN 20 内的终端不能互相通信。

故障处理步骤和方法

（1）测试原有业务，发现原有业务正常通信，排除设备问题与链路问题。

（2）查看两端接入交换机上配置信息，如图 10-3 所示，发现 VLAN 20 工作正常，上行 trunk 接口配置与工作正常允许所有 VLAN 通过。

```
interface GigabitEthernet1/0/2
port link-type trunk
port trunk permit vlan all
```

图 10-3　接入交换机配置信息

（3）查看核心交换机上配置信息，如图 10-4 所示，发现核心

交换机与接入交换机互联的上行 trunk 接口配置与工作正常，允许所有 VLAN 通过，但是没有配置 VLAN 20。

```
interface GigabitEthernet3/0/2
port link-type trunk
port trunk permit vlan all
```

图 10-4　核心交换机配置信息

（4）在核心交换机上配置 VLAN 20 后，故障消失。

（5）在 trunk 接口下配置 port trunk permit vlan all 命令是允许在本交换机上配置的所有 VLAN 可以通过 trunk 接口，但是如果该交换机上没有配置对应的 VLAN 则该 VLAN 不能通过 trunk 接口。

3. 由于光口协商不成功，导致链路不通

故障现象

不同厂商交换机通过光纤互联，发现交换机光口不能正常启用，接口指示灯不亮。

故障处理步骤和方法

（1）更换光纤跳线顺序，发现故障依旧。

（2）在本地交换机上光模块自环互联，发现光口正常工作，排除光模块问题与交换机接口问题。

（3）检查光纤链路，发现光纤链路正常。

（4）查看交换机光口配置，发现交换机光口下没有异常配置，使用 display interface 命令查看显示交换机光口状态 Down。

（5）分析原因可能是不同厂商设备之间光口硬件芯片不同而导致自协商不通过使光口不能被正常启用，在光口下输入 speed 1000 强制速率为千兆与 duplex full 强制全双工模式命令后，光口正常启用故障排除。

4. ARP 地址欺骗导致用户不能正常访问业务

故障现象

核心交换机上 VLAN 100 内 10 多台用户计算机不能正常访问业务。

故障处理步骤和方法

（1）测试核心交换机上其他 VLAN 内用户业务访问情况，发现业务访问正常，排除设备硬件问题与物理线路问题。

（2）测试 VLAN 100 内用户通信情况，发现 VLAN 100 内用户之间可以互相通信，但是不能 ping 通网关。

（3）检查核心交换机 VLAN 100 网关配置情况，如图 10-5 所示。

```
Vlan-interface100 current state: UP
Line protocol current state: UP
Description: Vlan-interface100 Interface
The Maximum Transmit Unit is 1500
Internet Address is 172.18.100.1/24 Primary
IP Packet Frame Type: PKTFMT_ ETHNT_ 2,    Hardware
Address: 000f-e2f6-c6f1
```

图 10-5　核心交换机 VLAN 100 网关场置信息

发现 Vlan-interface100 网关 IP 地址为 172.16.100.1 MAC 地址为 000f-e2f6-c6f1

（4）在 VLAN100 内计算机上通过 arp-a 命令查看 arp 表，如图 10-6 所示。

```
C:\ Users\ TOM >arp -a
接口: 172.16.100.33 --- 0x10
Internet 地址        物理地址              类型
172.16.100.1       78-fe-3d-97-b3-0b      动态
```

图 10-6　计算机内 arp 表信息

发现 IP 地址 172.16.100.1 所对应的 MAC 地址为 78-fe-3d-97-b3-0b，与核心交换机 Vlan-interface100 的 MAC 地址不同，可以判断网络中存在地址欺骗。

（5）在 VLAN100 内通过 sniffer 抓包软件发现 ARP 协议流量远高于正常值（正常情况 ARP 协议在 1% 左右），如图 10-7 所示，可以判断网络中存在大量的 ARP 欺骗报文。

（6）通过进一步抓包排查找出 MAC 地址为 53-f3-e3-32-b2-0a 的主机发送了大量的 ARP 地址欺骗报文，断开该主机后 VLAN 100 内用户终端可以正常访问业务。

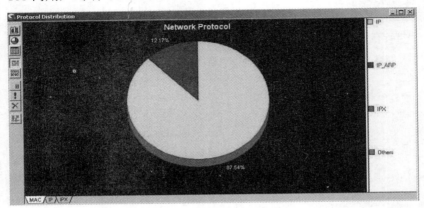

图 10-7　sniffer 抓包软件统计信息

5. 由于环路形成广播风暴，导致业务异常

故障现象

每天下午 16：30 到 17：30 业务响应慢，其他时间业务正常。

故障处理步骤和方法

（1）在故障时间段查看核心交换机工作状态，发现核心交换机 CPU 利用率高达 85%，交换机接口指示灯闪烁频繁，接口存在大量的广播报文。初步判断故障可能是由于环路导致。

（2）在核心交换机上查看线缆部署，发现核心交换机上线缆无环路，从而排除核心交换机上线缆自环的可能，环路很可能发生在下端级联的接入交换机。

（3）在核心交换机上全局和所有接口开启 loopback-detection enable 命令，得到提示，如图 10-8 所示。

```
Loopback does exits on port 3 vlan 3, please check it
```

图 10-8　开启 loopback-detection enable 后的提示信息

说明接口 3 下面所连接的接入交换机 S5110 出现环路；

（4）断开核心交换机接口 3 光纤后在检查核心交换机工作状态，发现核心交换机 CPU 利用率为 12%，业务也恢复正常。

（5）经过详细排查发现 S5110 交换机下级联了 D-LINK 傻瓜交换机，该傻瓜交换机上面出现了网线自环从而导致环路，消除网线自环后故障排除。

（6）D-LINK 傻瓜交换机上连接了特殊终端，该终端只在下午16：30 到 17：30 工作。D-LINK 傻瓜交换机与特殊终端都是由同一个插排供电，当工作人员使用特殊终端打开插排时 D-LINK 傻瓜交换机同时也开始工作，由于其上面的网线自环形成了环路从而引起广播风暴的发生。当 17：30 工作人员下班关闭插排时 D-LINK 傻瓜交换机同时也关闭，故障也随之消失。

6. 汇聚路由器电源混插，导致路由器板卡不能被正常加载

故障现象

新部署汇聚路由器，发现路由器板卡工作异常，不能正常加载。

故障处理步骤和方法

（1）查看路由器信息，发现路由器引擎工作正常，如图 10-9 所示，但是板卡处于 wait 状态，不能被正常加载。

```
= = = = = = = = = = = = = = =display device verbose = = = =
= = = = = = = = = =
Slot No.   Board type     Status        Primary       Sub-
Slots
        -------------------------------------------------------

        ---------------------
0          RPE-X2         Normal        Master        0
1          N/A            Absent        N/A           N/A
2          FIP-240        Wait          N/A           4
3          N/A            Absent        N/A           N/A
4          N/A            Absent        N/A           N/A
```

图 10-9 路由器硬件信息显示

（2）更换板卡槽位后，再次查看，发现板卡仍然处于 wait 状态，不能被正常加载。

（3）经过详细排查后，发现由于路由器 2 个电源槽位中分别部署了 650W 电源和 1200W 电源。

（4）更换为 2 块相同的 650W 电源后，故障解决。

（5）由于厂商限制原因，设备电源型号相同时业务板卡才能正常工作。

7. 路由器电源没有接地，导致路由器通信异常

故障现象

路由器电源连接了 UPS 以保障电源稳定性，路由器 E1 接口丢包严重，业务不能正常使用。

故障处理步骤和方法

（1）通过 console 口登到路由器，发现路由器 E1 接口状态不稳定，不断在 Down 和 Up 间转换状态，丢包率在 40%。

（2）检查路由器配置信息与 CPU 和内存利用率，发现路由器配置正确、CPU 与内存利用率都小于 10%，说明路由器硬件工作正常。

（3）物理链路打环检测，发现无丢包、误码率为 0，排除物理链路问题与 E1 接口问题。

（4）检查路由器接地电压，发现路由器侧保护地到公共地电压差高达 90V。详细排查后，发现问题为 UPS 设备电源有电压泄漏现象，在 UPS 设备外壳接一电线连接到地排后，路由器工作正常。

8. 静态掩码配置错误，导致路由不生效

故障现象

配置目标网段静态路由后发现该路由不生效，通过 ping 192.168.0.5 命令测试，返回目标网络不可达。

故障处理步骤和方法

（1）通过 console 口登到路由器，查看目标路由配置，如图 10-10

所示。

```
ip route-static 192.168.0.0 255.255.0.0 10.10.20.1
```

图 10-10　目标路由配置信息

发现该路由目标网段和语法配置正确。

（2）检测路由器路由表，如图 10-11 所示。

```
<msr3620> display ip routing-table
Routing Tables: Public
Destinations : 3 Routes : 3
Destination/Mask Proto Pre Cost NextHop Interface
127.0.0.1/32 Direct 0 0 127.0.0.1 InLoop0
192.168.0.0/16 Static 60 0 10.10.20.1 GE0/0
192.168.0.0/24 OSPF 10 2 10.10.30.2 GE0/1
```

图 10-11　路由表信息

发现路由器通过 OSPF 学到了 192.168.0.0 的路由，从表面上看由于在 H3C 路由器中 OSPF 优先级为 10，而静态路由的优先级为 60，所以 OSPF 路由生效从而导致配置的静态路由没有被启用，去往 192.168.0.5 的数据包发向了 10.10.30.2。

（3）修改静态路由配置命令，修改目标网段路由优先级为 5，如图 10-12 所示。

```
ip route-static 192.168.0.0 255.255.0.0 10.10.20.1
preference 5
```

图 10-12　修改静态路由配置和优先级信息

修改完成后再次测试，发现 192.168.0.5 仍然不可达，静态路由没有生效。

（4）再次检查路由表，如图 10-13 所示。

发现静态路由优先级已经修改为 5 小于 OSPF 优先级。再经过仔细检查发现静态路由的掩码为 16 位而 OSPF 路由的掩码为 24 位，

```
<msr3620> display ip routing-table
Routing Tables：Public
Destinations：3 Routes：3
Destination/Mask Proto Pre Cost NextHop Interface
127.0.0.1/32 Direct 0 0 127.0.0.1 InLoop0
192.168.0.0/16 Static 5 0 10.10.20.1 GE0/0
192.168.0.0/24 OSPF 10 2 10.10.30.2 GE0/1
```

图 10-13　修改后路由表信息

根据路由选择协议掩码最长匹配原则由于 OSPF 路由的掩码更长所以 OSPF 路由生效，静态路由不生效。

（5）修改静态路由掩码为 24 位后，如图 10-14 所示，再 ping 192.168.0.5 发现网络可达，故障排除。

```
ip route - static 192.168.0.0 255.255.255.0
10.10.20.1 preference 5
```

图 10-14　修改静态路由掩码信息

9. 临时测试命令导致设备重启时 BGP 邻居关系无法重新建立

故障现象

路由器 SR8805 与远端 SR8812 的 EBGP 邻居建立正常，业务运行正常；由于 SR88 路由器因为版本升级重启，重启设备后发现与远端 SR8812 的 EBGP 邻居无法正常建立，SR8805 版本回退后 EBGP 邻居关系仍然无法正常建立。

故障处理步骤和方法

（1）通过 console 口登到路由器，查看 SR8805 设备上的 TCP 信息，如图 10-15 所示。

```
172.16.20.57：15262    172.16.20.60：179    SYN_
SENT   1    0    0 0x0000000000005130
```

图 10-15　路由器 SR8805 内 TCP 信息

说明 SR8805 的 tcp 状态一直处于 SYN_ SENT 状态，说明 SR8805 已经向 SR8812 发送了 SYN 消息但是 SR8812 未进行回应导致 BGP 连接没有建立。

（2）查看 SR8812 信息，发现本端的 179 端口号一直处于监听状态，如图 10-16 所示。

```
0184bc00  0.0.0.0：179          172.16.20.57：0
Listening
```

图 10-16　路由器 SR8812 内 179 端口状态信息

由此可以看到 SR8812 收到了报文但是没有进行处理；继续查看设备互联虚拟 VLAN500 接口配置，如图 10-17 所示。

```
interface Vlan-interface500
nat  server  protocol  any  global  172.16.20.60
inside 172.16.10.7
```

图 10-17　VLAN500 接口配置信息

说明 SR8812 在互联端口下配置了针对 172.16.20.60 地址进行了 NAT 地址映射，由于该配置将所有的端口都进行了映射，其中包括 BGP 使用的 179 端口号；正是该命令导致 BGP 邻居无法正常形成。

（3）经过询问得知该命令是之前所配置的测试命令但是没删除；因为之前配置该命令的时候 BGP 邻居已经建立，所以不会影响 BGP 邻居状态，而且网络出于稳定性的考虑在正常状态下不会重新建立邻居关系使 BGP 邻居关系一直生效；但是如果涉及设备从启引发的 BGP 邻居重新建立，该命令会导致 BGP 邻居无法正常建立。将该测命令删除后，EBGP 邻居正常建立。

10. 广域网由于 MTU 问题导致业务软件工作状态异常

故障现象

某业务软件经过广域网路由器传输后发现软件功能异常，部分界面无响应。

故障处理步骤和方法

（1）测试除该软件外的其他业务，发现其他业务响应正常，排除设备和物理链路问题。

（2）通过采用 sniffer 抓包软件发现该业务数据包在传输过程中数据包大小已经超过了 1518 字节需要分片传输，但是数据包设置了 DF 位不能被分片，从而导致该业务响应异常。

（3）通过和该业务软件厂商沟通得知该业务在传输中数据包不支持分片，以保证业务的传输效率，软件厂商建议修改路由器的 MTU 为 1480 可以解决问题。

（4）由于网络中路由器数量多修改工作量巨大，而且路由器修改 MTU 后会影响其他业务传输效率，并且会使 OSPF 路由协议邻居关系的重新建立从而影响整个网络，所以修改路由器 MTU 不是很好的解决方案。

（5）通过修改软件服务器操作系统 MTU 值为 1480 后，业务软件工作正常，故障消失。

11. 中兴 M6000-S 路由器与华三 MSR3620 路由器互联出现丢包现象

故障现象

中兴 M6000-S 路由器与华三 MSR3620 互联出现严重丢包现象，丢包率 95%。

故障处理步骤和方法

（1）查看中兴 M6000-S 路由器端口状态，发现物理层及协议层均为 UP、UP 状态，如图 10-18 所示，通讯链路没有问题。

```
cpos3_ e1-0/2/0/1.3/3/3：1 is up, line protocol
is up
```

图 10-18　路由器端口状态信息

（2）在路由器上输入"show controller e1 cpos3-0/2/0/1 au4 1

tug3 3 tug2 3 e1 3，命令查看中兴 M6000-S 路由器 E1 链路告警情况，如图 10-19 所示，通过该命令查看到 V5 字节出现 951138Byte 错误。

```
Low order path: AU-4 1, TUG-3 3, TUG-2 3, C-12 3
Active  Alarm: TIM
History Alarm: AIS     = 0          RDI      = 0
              LOP     = 0       LOM      = 0
              TIM     = 1       TIU      = 0
              SLM     = 2       SLU      = 0
              PDI     = 0       UNEQP    = 2
Error         : BIP2  = 0       LPREI（V5）= 951138
```

图 10-19　E1 链路告警情况

（3）对中兴 M6000-S 路由器与华三 MSR3620 互联接口，进行 V5 字节修改，如图 10-20 所示。

```
R1（config）#controller cpos3-0/2/0/1
R1（config-ctrl）#framing sdh
R1（config-ctrl）#aug mapping au4
R1（config-ctrl）#au4 1 tug3 3
R1（config-ctrl-tug3）#mode e1
R1（config-ctrl-tug3）#tug2 3 e1 3
R1（config-ctrl-e1）#no clock mode
R1（config-ctrl-e1）#unframe
% Code 40117: Timeslots conflict with other channel
of this e1 or t1.
R1（config-ctrl-e1）#flag ?
j2    Configure flag j2 of low order path
j2ex  Configure expecting flag j2 of low order path
v5    Configure flag v5 of low order path
R1（config-ctrl-e1）#flag v5 ?
  000  v5 000
  001  v5 001
  010  v5 010
```

图 10-20　V5 字节修改信息

```
011   v5 011
100   v5 100
101   v5 101
 110  v5 110
 111  v5 111
R1（config-ctrl-e1）#flag v5 010
```

图 10-20   V5 字节修改信息（续）

通过在中兴 M6000-S 路由器互联端口修改此 V5 字节后经测试，如图 10-21 所示，数据通讯正常，已经不在丢包。

```
R1#ping 24.3.51.178 repeat 100 size 1000
sending 100, 1000-byte ICMP echoes to 24.3.51.178,
timeout is 2 seconds.
!!!!!!!!!!!!!!!!!!!!!!!!!!!!!!!!!!!!!!!!!!!!!!!!!!!
!!!!!!!!!!!!!!!!!!!!!!!!!!!!!!!!
```

图 10-21   通讯测试信息

12. 纵向加密装置所连交换机 VLAN 未精确配置造成内部业务地址互访告警

🧩 故障现象
厂站端出现内部业务地址互访告警。

📉 故障处理步骤和方法
（1）首先检查拓扑结构，查看网线与接口对应关系，如图 10-22 所示，网线连接没有问题。

```
<R1>dis ip inter bri
* down: administratively down
^down: standby
（l）: loopback
（s）: spoofing
```

图 10-22   网线与接口对应信息

```
The number of interface that is UP in Physical is 6
The number of interface that is DOWN in Physical is 6
The number of interface that is UP in Protocol is 4
The number of interface that is DOWN in Protocol is 8

Interface        IP Address/Mask    Physical    Protocol
Cellular0/0/0              unassigned      down   down
Cellular0/0/1              unassigned      down   down
GigabitEthernet0/0/0       unassigned       up    down
GigabitEthernet0/0/0.100   21.136.3.190/26      up    up
GigabitEthernet0/0/0.300   21.254.19.113/30     up    up
GigabitEthernet0/0/1       unassigned       up    down
GigabitEthernet0/0/1.200   21.136.131.190/26    up    up
GigabitEthernet0/0/1.300   21.254.19.117/30     up    up
GigabitEthernet0/0/2       unassigned       up    down
LoopBack0                  21.2.64.15/32        up    up ( s )
Mp-group0/0/0              21.3.128.58/30       up    up
NULL0                      unassigned       up    up ( s )
<R1>
```

图 10-22　网线与接口对应信息（续）

（2）用"dis cur"命令查看核心交换机上配置信息，交换机与纵密连接接口为"trunk"状态，且配置为允许所有 VLAN 通过，如图 10-23 所示。

```
interface Ethernet1/0/23
port access vlan 101
#
interface Ethernet1/0/24
port access vlan 101
#
interface GigabitEthernet1/0/25
port link-type trunk
port trunk permit vlan all
```

图 10-23　核心交换机内配置信息

```
#
interface GigabitEthernet1/0/26
port link-type trunk
port trunk permit vlan all
#
```

图 10-23　核心交换机内配置信息（续）

（3）将纵向加密所对应的交换机的互联接口，由允许所有 VLAN 通过的方式更改成对应业务精确 VLAN 通过，并将默认 VLAN1 清除互联接口，如图 10-24 所示，故障解除。

```
interface Ethernet1/0/23
port access vlan 101
#
interface Ethernet1/0/24
port access vlan 101
#
interface GigabitEthernet1/0/25
port link-type trunk
undo port trunk permit vlan 1
port trunk permit vlan 101 103
#
interface GigabitEthernet1/0/26
port link-type trunk
undo port trunk permit vlan 1
port trunk permit vlan 102 to 103
#
```

图 10-24　VLAN 配置修改信息

13. 纵向加密告警配置错误，导致主站无法对纵向加密进行资产管理

📑 故障现象

路由器交换机状态正常，主站无法对厂站纵向加密进行资产管理。

📉 故障处理步骤和方法

（1）查看纵向加密基本配置，设置纵向加密设备的设备标识，工作模式为"借用模式"，vlan 标记类型为"802.1q"，缺省策略处理模式为"丢弃"，如图 10-25 所示，经查基本设置没有错误。

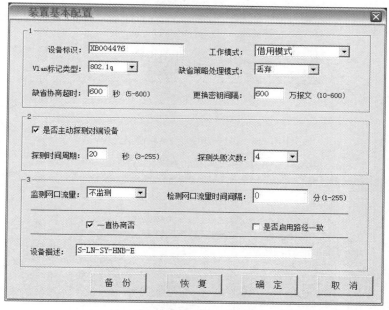

图 10-25　纵向加密基本配置图

（2）查看纵向加密 Vlan 配置，vlan 设置为纵向加密的 IP 地址（设置中包含子网掩码和 vlan 号），该地址设置在与路由器连接的接口，如图 10-26 所示，经查 VLAN 设置没有错误。

（3）查看纵向加密路由配置：路由设置中应填写与纵向加密直连路由器子接口的 IP，如图 10-27 所示，经查路由配置没有错误。

（4）重新导入管理中心证书，故障未消除，管理中心证书导入没有错误。

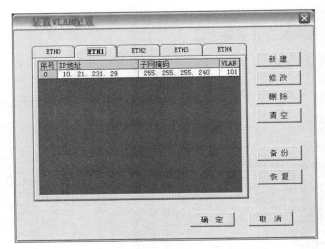

图 10-26　纵向加密装置 VLAN 配置图

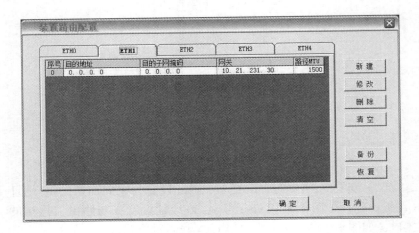

图 10-27　纵向加密装置路由配置图

（5）查看管理中心配置，管理中心配置中应填写管理中心的 IP 地址和证书编号，并且证书和地址一一对应，如图 10-28 所示，经查管理中心配置没有错误。

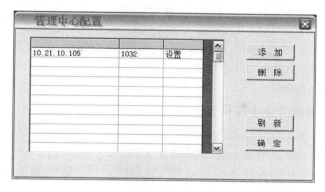

图 10-28　纵向加密装置管理中心配置

（6）查看告警配置，发现告警配置中目的端口填写错误，修改目的端口号为 514，如图 10-29 所示，主站可以对厂站纵向加密进行资产管理。

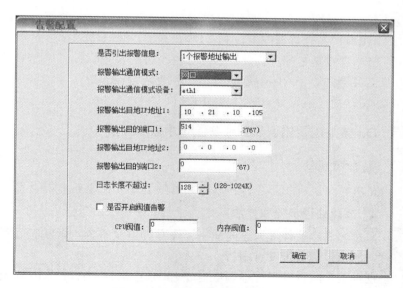

图 10-29　纵向加密装置告警配置

14. VLAN 标记类型 802.1q 没勾选导致隧道建立不成功

故障现象

隧道建立状态为协商请求发出状态 REQ_ SENT（1），隧道无法正常建立（OPEN）。

故障处理步骤和方法

（1）查看纵向加密路由配置：路由设置中应填写与纵向加密直连路由器子接口的 IP，经查路由配置没有错误。

（2）重新导入管理中心证书，注意管理中心证书和证书标识必须一一对应，故障未解除。

（3）查看管理中心配置，管理中心配置中应填写管理中心的 IP 地址和证书编号，并且证书和地址一一对应，经查管理中心配置没有错误。

（4）查看告警配置，告警配置中填入主站端内网监控平台 IP 地址，端口号填入 514，报警输出端口选择连接路由器的接口，即 ETH1 接口，经查告警配置没有错误。

（5）查看基本配置，设置纵向加密设备的设备标识，工作模式为"借用模式"，vlan 标记类型为"无 VLAN"，将其改为"802.1q"后，隧道建立成功（OPEN）。

15. 策略配置错误导致业务上传中断

故障现象

路由器交换机状态正常，纵向加密隧道建立，业务中断。

故障处理步骤和方法

通过客户端软件进入纵向加密，查看隧道状态为正常状态，隧道对应加密包解密包没有刷新。

查看策略配置发现远程端口写成 2404 至 2404，后改成 1025 至 65535 后问题解决，如图 10-30 所示。

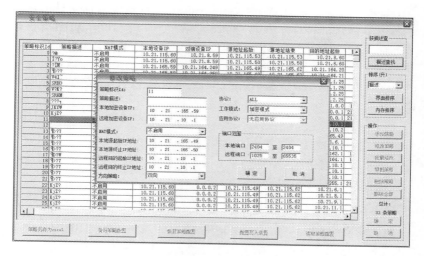

图 10-30 纵向加密装置策略配置图

16. 导入证书与纵向加密设备不匹配导致主站管理不到厂站科东纵向加密

🔲 故障现象

主站管控平台管理厂站科东加密时出现"采集报错：加密卡接收报文超时，设备未应答 0X0303113、0X00303103"错误提示。

🔲 故障处理步骤和方法

（1）厂站重新导入主站管理证书，故障没有解决。

（2）用配置线以超级终端方式登录到纵向加密后台（波特率115200，数据位8，停止位1，流控无），重启纵向加密，出现提示如图 10-31 所示。

```
IPEAD: main ( ) : wrong local cert!!!
IPEAD: main ( ) : wrong local cert!!!
IPEAD: main ( ) : wrong local cert!!!
```

图 10-31 重启纵向加密装置后提示信息

证明该证书与科东纵向加密并不匹配，重新申请加密证书请求文件，由主站进行证书生成，再导入该加密后，主站故障信息消失，加密可以管控。

17. 加密管理 IP 遗失，导致使用管理软件无法连接纵向加密设备

故障现象

使用电脑连接纵向加密 ETH4 口，使用管理软件连接设备，提示无法连接或连接超时。

故障处理步骤和方法

（1）查看电脑 ip 配置是否为 169.254.200.210，掩码为 255.255.255.0，右键开始，选择运行，输入 cmd，输入 ipconfig，查看网口 ip 是否生效。做 ping 测试，输入 ping 169.254.200.200，提示请求超时后，可用管理软件进入纵向加密装置。

（2）管理口登录交换机，查看交换机是否学习到纵向加密装置 mac 地址。

（3）进入纵向加密装置，查看不到配置口信息（执行 monipead.ppc-all，查看 config 的信息情况）。用 CRT 软件登录设备，进入 Bin 目录，执行 initdev.arm-vlan 命令，执行该指令后，科东加密设备会自动重启，加密自动重启完成后，通过 GIU 软件重新配置该纵向加密，故障解除。

18. 管控端加密 IP 填写错误导致纵向加密装置无法管控

故障现象

纵向管控功能装置节点在线，连接装置管理，提示"加密卡接收报文失败"。

故障处理步骤和方法

（1）检查或重新导入监视平台厂站装置节点证书。

（2）主站端在采集工作站上使用 tcpdump 命令抓取场站侧纵向加密装置的 syslog 日志报文，tcpdump −i eth1（数据网网口）｜

grep 厂站加密设备 IP，若能抓取到源地址为监视平台纵向管控 IP，目的地址为厂站加密设备 IP，协议为 ip-proto-254 的管控报文，则可以确定监视平台纵向管控报文已经下发。

（3）厂站端同时使用 tcpdump 命令抓包，查看是否收到源地址为监视平台纵向管控 IP，目的地址为厂站加密设备 IP，后发现测试报中，主站监控平台将站端加密 IP 由 21.133.33.253 错写成了 21.133.33.153，如图 10-32 所示。

```
~ $ tcpdump  -i eth1
tcpdump: WARNING: eth1: no IPv4 address assigned
tcpdump: verbose output suppressed, use -v or -vv
for full protocol decode
listening on eth1, link-type EN10MB （Ethernet），
capture size 68 bytes
06: 24: 33.598188    IP   21.133.33.253.514   >
21.17.10.105.514: SYSLOG kernel.error, length: 47
06: 24: 33.599252    IP   21.133.33.253.514   >
21.17.10.105.514: SYSLOG kernel.error, length: 58
06: 24: 33.599283    IP   21.133.33.253.514   >
21.17.10.105.514: SYSLOG kernel.error, length: 48
06: 24: 35.247560    arp  who - has  21.133.33.153
tell 21.133.33.254
06: 24: 36.247039    arp  who - has  21.133.33.153
tell 21.133.33.254
06: 24: 37.990420 74: 25: 8a: bf: 7a: e7 （oui Un-
known）> 01: 80: c2: 00: 00: 0e （oui Unknown），
ethertype Unknown （0x88cc）, length 359:
0x0000:  0207 0474 258a bf7a 9804 1605 4769 6761
...t%..z....Giga
0x0010:  6269 7445 7468 6572 6e65 7431 2f30 2f32
bitEthernet1/0/2
0x0020:   3406 0200 7808 1f47 6967 6162 6974 4574
 4...x..GigabitEt
```

图 10-32　tcpdump 命令抓包信息

```
0x0030:     6865 726e 6574
  hernet
06：24：38.249227    arp  who - has  21.133.33.153
tell 21.133.33.254
06：24：39.249314    arp  who - has  21.133.33.153
tell 21.133.33.254
06：24：41.251042    arp  who - has  21.133.33.153
tell 21.133.33.254
06：24：42.251077    arp  who - has  21.133.33.153
tell 21.133.33.254
//主站误将厂站纵向加密实时 IP 地址 21.133.33.253 写成了
21.133.33.153，造成对厂站实时加密脱管
```

图 10-32　tcpdump 命令抓包信息（续）

（4）主站将地址更改成正确数值后，可以管控厂站端纵向加密装置，故障解除。

第十一章

变电站时钟同步系统故障缺陷分析处理

1. 时钟同步装置内部故障，导致直流系统接地

故障现象

主站收到变电站内的直流系统接地的异常告警信息，影响系统运行。

故障处理步骤和方法

（1）到现场检查发生直流接地的回路，排除是其他原因导致的直流系统接地。拆除该保护或测控装置的对时电缆接线，发现直流系统接地告警返回。

（2）发生这种情况一般都是采用脉冲对时方式，应采用万用表测量其电缆接线的电阻值和电压值，如对地电阻正常而两端电压一致则说明时钟同步装置内部的对时光隔被击穿。

（3）在对时装置内部更换相同对时方式的另一对接点，接入后，保护或测控装置对时恢复正常，直流系统接地异常告警不再出现。

2. 测控和保护装置的时间不一致，导致发生事故跳闸主站不推画面

故障现象

主站收到保护动作信息、事故总信号、开关变位信息等，但是没有推事故画面。

故障处理步骤和方法

（1）到现场查看当地监控系统的告警信息，核对信息的时间，发现保护装置所发出信息的时间与测控装置的开关变位信息时间相

差较大。

（2）分别核对测控装置与保护装置的时间哪个出现对时不正确的现象，查出原因，并及时处理，时间一致后，进行传动试验，主站推画面及告警信息时间均恢复正确。

3. 时钟同步装置内部跳线设置错误，导致保护和测控装置对时异常

故障现象

变电站内全部装置均可以实现对时，唯一一个间隔的保护或测控装置无法对时。

故障处理步骤和方法

（1）到现场保护或测控装置的内部参数设置与其他对时正常的装置有无差别，检查装置设置无问题后，应用时钟同步检测仪对时钟同步装置所发出的时钟源进行检测。

（2）检测出该间隔所接收到的时钟源信号不是所需类型的时钟信号源，此时判断故障点在时钟同步装置本身。

（3）检查时钟同步装置本身所对应间隔的软件设置无问题后，对时钟装置内部的输出时钟源板件进行查看，发现其跳线的位置与其他不一致，修改跳线位置后，对时异常复归。

4. 时钟同步装置输出端子接线错误，导致保护和测控装置对时异常

故障现象

变电站内部分装置均可以实现对时，部分间隔的保护或测控装置无法对时。

故障处理步骤和方法

（1）到现场保护或测控装置的内部参数设置与其他对时正常装置有无差别，检查装置设置无问题后，应用时钟同步检测仪对时钟同步装置所发出的时钟源进行检测。

（2）检测出该间隔所接收到的时钟源信号不是所需类型的时钟信号源，此时判断故障点在时钟同步装置本身。

（3）检查时钟同步装置本身对应的时钟源输出端子与实际所需的时钟源端子接线不符，修改接线位置后，对时异常复归。

5. 时钟同步装置输出端子接线错误，导致保护和测控装置对时异常

故障现象

主站发现某一变电站全站工况退出。

故障处理步骤和方法

（1）检查通道情况，确认通道正常，初步确定是现场故障。

（2）现场检查通讯网关机运行工况，发现运行灯都不亮，或运行灯亮同时故障灯也亮，判断是通讯网关机装置故障。

（3）这种情况一般是配置单通讯网关机或者是双通讯网关机的自动切换功能也同时出现故障，应及时重启通讯网关机，如无法解决其故障，应及时联系厂家人员。

6. 主站对变电站的某一个遥控无法执行

故障现象

主站进行遥控时，无法实现变电站的其中一个间隔的遥控，但其他间隔遥控正常。

故障处理步骤和方法

（1）由于其他间隔遥控正常，所以该通讯网关机与主站的通讯是正常的，应先检查变电站内的测控装置通讯状态。

（2）在变电站用当地监控系统再次进行该间隔的遥控传动试验，遥控也无法正确动作。

（3）检查测控装置的遥控回路无问题后，检查通讯网关机与该间隔测控的通讯状态，通过报文监视其遥控报文无法发送至测控装置，说明该测控与通讯网关机通讯异常，应进一步检查处理，更换测控装置通讯板后，遥控功能恢复正常。

7. 232 转 2M 的协议转换器设置错误，导致与主站 101 通讯故障

故障现象

与主站 101 通讯持续环回状态。

故障处理步骤和方法

（1）检查通道状态，确认通道正常，无软件设置的环回。

（2）到现场检查通讯 DTF 架，该路通道无硬件上的环回。

（3）到现场检查 E1 转换器，同轴电缆没有环回，但是发现 RX/TX 灯同时亮，初步判断是 2M 转换器的故障。

（4）检查 2M 转换器的拨轮，发现自环的拨轮在"1"的位置，复位后主站通讯恢复正常。

8. 101 通道防雷器接线错误，导致与主站 101 通讯故障

故障现象

与主站 101 通讯持续不通。

故障处理步骤和方法

（1）检查通道状态，确认通道正常，在主站侧可以监视到用软件设置的环回。

（2）到现场检查通讯 DTF 架，在该路通道上设置硬件上的环回，在主站侧可以监视到。

（3）到现场 2M 转换器的拨轮做环回，在主站侧可以监视到。

（4）至此，判断通道完全正确，问题出在 232 接线或者通讯网关机设置错误。

（5）检查现场 2M 转换器的 232 接口向测控屏端子排的接线，发现经过防雷器到通讯网关机的串口，防雷器的输入/输出侧接反了，导致通讯故障。

9. 通讯网关机的串口 RS-232 接线错误，导致与主站 101 通讯故障

故障现象

厂站与主站 101 通讯持续不通。

故障处理步骤和方法

（1）联系通讯，确认通道正常，在主站侧可以监视到用软件设置的环回。

（2）到现场 2M 转换器的拨轮做环回，在主站侧可以监视到。

（3）至此，判断通道完全正确，问题出在 RS-232 接线或者通讯网关机设置错误。

（4）检查现场 2M 转换器的 RS-232 接口向测控屏端子排的接线，发现从通讯网关机出来的 RS-232 的接线的 RX/TX 接反了，更换接线后通讯恢复正常。

10. 通讯网关机的配置参数错误，导致与主站 101 通道通讯故障

故障现象

厂站与主站 101 通讯报文不正确。

故障处理步骤和方法

（1）对通道进行检查，在主站侧可以监视到用软件设置的环回，并且没有误码。

（2）检查通讯网关机的参数设置，与主站侧核对，发现两侧的奇偶校验不一致，设置一致后通讯恢复正常。

11. 通讯网关机的配置参数错误，导致与主站 101 通道通讯故障

故障现象

厂站与主站 101 通讯报文不正确。

（1）对通道进行检查，在主站侧可以监视到用软件设置的环回，并且没有误码。

（2）检查通讯网关机的参数设置，与主站侧核对，发现两侧的波特率不一致，设置一致后通讯恢复正常。

12. 通讯网关机的程序错误，导致主站 104 通讯频繁通断

故障现象

主站通过 104 规约下发遥控命令时，104 规约频繁重启链路。

故障处理步骤和方法

（1）主站监视 104 报文，发现下发遥控命令后，厂站侧返回的报文接收序号不连续，导致主站重新连接，查看报文，分析中断原因，如频繁重新建立链路的原因是厂站造成的。

（2）厂站侧应检查 104 报文的格式，以及相关配置文件和版本，应选择与主站 104 报文一致的报文格式进行重新下装，并重启。

13. 通讯网关机的设置不适合，导致两个 104 通道的通讯不能同时进行

故障现象

两套主站系统无法同时与同一个变电站进行 104 通讯，只能在一个时间保持与一个主站系统进行通讯。

故障处理步骤和方法

（1）两套主站系统分别对厂站的通讯报文进行监视，发现一套系统建立链路后，隔一段时间会自动断开主站而此时另外一套系统建立链路成功。

（2）在现场查看通讯网关机的设置，将对应的 2 个 TCP 连接的端口号设置为不同的数值，再观察通讯报文正常。

14. 通讯网关机的配置设置不适合，导致 104 通道的通讯频繁重新建立链路

故障现象

厂站能够响应主站的 104 建立链路请求，但是重启链路频繁。

故障处理步骤和方法

（1）主站监视与厂站的104通讯报文，建立链路后，传输几帧I格式报文后，就重启链路。

（2）检查数据网及通道状况正常。

（3）现场检查通讯网关机设置，104规约设置的"发送或测试APDU的超时"时间过短，导致链路频繁重启，把该参数设置为60s后，通讯恢复正常。

15. 通讯通道状态不好，导致104通道的通讯频繁重新建立链路

故障现象

厂站能够响应主站的104建立链路请求，但是重启链路频繁。

故障处理步骤和方法

（1）主站监视与厂站的104通讯报文，建立链路后，传输报文的频率较低，会频繁重启链路。

（2）检查数据网及通道状况，数据网正常，通道丢包现象严重。

（3）进一步测试通道误码率，联系通讯专业处理后，通讯恢复正常。

16. 通讯网关机101规约程序出错，导致某一时刻很多变位信息上送

故障现象

厂站遥信、遥测信息正常，但经常会某一时刻很多变位信息上送。

故障处理步骤和方法

（1）主站与厂站的通讯通道正常，遥测报文正常，但经常会有备通道补的某一时刻很多变位信息上送。

（2）监视主站与厂站的104通讯报文，通讯通道正常，通讯报

文正常。

（3）监视主站与厂站的 101 通讯报文，通讯通道正常，但是报文不正常，只能偶尔响应总召唤。

（4）产生备通道补的某一时刻很多变位信息上送的原因就是 101 通道偶尔响应主站的总召唤，把累积的变位信息上传给主站，而此时 104 通道早已经把变位信息上传了，2 个通道的信息不同，导致备通道补的信息。重启通讯网关机，101 报文恢复正常。

17. 下装组态的流程不规范，导致某一时刻很多变位信息上送

📓 故障现象

厂站上传信息变更，下装后，上传给主站很多不存在的变位信息。

📉 故障处理步骤和方法

（1）现场检查通讯网关机正常，与主站通讯正常。

（2）等待一段时间，变位信息恢复正常。

（3）由于现场有 2 台通讯网关机，先下装的备机，备机重启后还未完全运行正常就开始下装主机，导致备机还未把所有信息都收集齐全就升级为主机，产生了很多误信息，当该机与所有装置通讯完成后，收集到了所有正确的信息，再上传给主站的就是正确的信息了。

18. 通讯网关机参数不当，导致重启通讯网关机后很多变位信息上送

📓 故障现象

某一厂站与主站重新建立连接时，总会先上传很多误发的遥信信息。

📉 故障处理步骤和方法

（1）现场检查通讯网关机正常，与主站通讯正常。

（2）等待一段时间，误变位信息恢复正常。

（3）重启通讯网关机后，能马上与主站通讯，但此时传输的遥

信信息很多是分位，遥测很多是 0。检查通讯网关机的参数配置，适当延长通道通讯延时，让通讯网关机收集齐站内所有装置的信息后再与主站链接通讯。

19. 通讯网关机不是双网配置，导致某一间隔的信息无法上传

故障现象

厂站后台机能够监控该间隔的信息，但是主站采集不到该间隔信息。

故障处理步骤和方法

（1）主站监视与厂站的 104 通讯报文，通讯通道正常，报文正常传输，但是该间隔信息数据为 0。

（2）厂站当地监控查看该间隔数据正常，检查通讯网关机转发表无问题。

（3）检查通讯网关机的设置，参数无误，查看通讯网关机与该间隔测控通讯状态，为中断状态。

（4）查看该间隔通讯设置，在间隔层是双网配置，但 A 网故障，通讯网关机是单网配置，主通讯通道是 A 网上面的通讯网关机，所以采集不到该间隔的信息。

（5）检查 A 网通讯异常原因并处理，主站对该间隔监控恢复正常。

（6）尽快将通讯网关机改造成双机双网配置，防止类似异常再次发生。

20. 通讯网关机的配置参数错误，导致一点的 SOE 不上传

故障现象

在主站始终无法查询到一个点的 SOE 信息，但是有变位信息。

故障处理步骤和方法

（1）查看主站数据库设置正确，画面无人工置数或封锁数据，初步判断故障在厂站侧。

（2）主站与厂站数据库检查，两侧点号一致。

（3）现场检查后台机的信息，该点有 SOE 信息。

（4）检查通讯网关机的设置，发现是转发表内该点没设置转发SOE，修改后信息上传正确。

21. 通讯网关机的配置错误，导致新增的间隔信息不上传

故障现象

主站与厂站通讯状态正常，但是新增的间隔信息不上传。

故障处理步骤和方法

（1）主站监视与厂站的通讯报文，发现新增的间隔的信息都不传输。

（2）主站总召唤仍旧采集不到新增的间隔信息，初步判断是厂站侧故障。

（3）现场查看当地监控系统，发现新增的间隔遥信、遥测状态正常，可以判断测控装置无故障，缩小故障范围在通讯网关机。

（4）检查通讯网关机的设置，发现主备机的配置不相同，原因是增容修改转发表后只修改了备机，主机的转发表并未更新。重新下装配置后，重启通讯网关机，与主站通讯恢复正常。

22. 通讯网关机的配置错误，导致一个间隔信息不上传

故障现象

主站与厂站通讯状态正常，但是一个间隔信息不上传。

故障处理步骤和方法

（1）主站监视与厂站的通讯报文，发现该厂站主通道101中断了，与主站通讯是备通道104通讯，通讯状态正常，但该间隔信息不正确。

（2）现场查看当地监控系统，发现该间隔遥信、遥测状态正常，可以判断测控装置无故障，缩小故障范围在通讯网关机。

（3）检查通讯网关机的设置，发现101、104规约的转发表设置不同，该间隔信息修改后，只是修改了101主通道的转发表，当101通道中断，104通道工作时，该间隔信息无法正确上传，修改后信息上传正确。

23. 通讯网关机的遥测死区设置过大，导致主站侧某一点遥测数据不刷新

故障现象

厂站与主站通讯正常，其他遥测正常刷新，某一点的遥测值是死数据。

故障处理步骤和方法

（1）查看主站数据库设置正确，画面无人工置数或封锁数据，初步判断故障在厂站侧。

（2）在变电站监控系统中查看该点遥测正常刷新，说明测控装置的交流采样模块无问题。

（3）检查通讯网关机的配置参数，与主站核对点号正确，不是点号错误导致数据不刷新。

（4）检查通讯网关机该点的死区设置，发现死区值设置过大，导致数据不刷新。把死区值设为 0.1% 后，数据正常。

24. 通讯网关机的配置参数错误，导致主站侧某一点遥测数据比实际数值大 20%

故障现象

厂站与主站通讯正常，其他遥测正常刷新，某一点的遥测值不正确。

故障处理步骤和方法

（1）查看主站数据库设置正确，画面无人工置数或封锁数据，初步判断故障在厂站侧。

（2）在变电站后台机查看该点遥测数据正确，证明测控装置的交流采样模块无问题。

（3）检查通讯网关机的配置参数，与主站核对点号正确，不是点号错误导致数据不正确。

（4）检查通讯网关机该点的系数，发现忘记缩小 1.2 倍了，修

改后数据正确。

25. 通讯网关机的配置参数错误，导致主站侧遥测数据比实际数值大 20%

故障现象

厂站与主站通讯正常，大部分遥测与实际不符。

故障处理步骤和方法

（1）查看主站数据库设置正确，画面无人工置数或封锁数据，初步判断故障在厂站侧。

（2）在变电站后台机查看该点遥测数据正确，证明测控装置的交流采样模块无问题。

（3）检查通讯网关机的配置参数，与主站核对点号正确，不是点号错误导致数据不正确。

（4）检查通讯网关机该点数据类型，是短浮点上传，与主站核对上送字节的顺序是从低到高还是从高到低，两侧应一致。

26. 通讯网关机的配置参数错误，导致主站遥控失败

故障现象

主站与厂站通讯正常，但是遥控返校报文的原因是取消激活。

故障处理步骤和方法

（1）两侧核对遥控点表，顺序正确。

（2）检查变电站的测控装置及遥控压板和把手位置都正确。

（3）检查通讯网关机的配置参数，发现厂站侧配置了双点遥控，而主站侧是单点遥控，修改一致后，重启通讯网关机后遥控正常。

27. 测控装置有遥控闭锁的信号，导致主站遥控失败

故障现象

主站与厂站通讯正常，遥控选择成功，但是遥控执行失败。

故障处理步骤和方法

（1）主站与厂站两侧核对遥控点表，顺序正确。

（2）通讯网关机能监视到主站下发的遥控选择报文，返回的确认报文，该间隔的遥信、遥测正常刷新，初步判断是测控装置的遥控有闭锁。

（3）检查测控装置，发现其操作把手在"就地"位置，所以无法执行主站的遥控执行报文，将把手改至"远方"位置，遥控执行成功。

28. 通讯网关机的遥控转发表错误，导致主站遥控失败

故障现象

主站与厂站通讯正常，但是遥控选择后返校错误。

故障处理步骤和方法

（1）在当地监控进行遥控传动试验，传动正确，说明遥控回路良好。

（2）主站与厂站两侧核对遥控点表，发现点号不一致，修改一致后，遥控正常。

29. 通讯通道质量不好，导致主站 101 通讯遥控成功率不高

故障现象

主站与厂站 101 通讯比较正常，但遥控成功率不高。

故障处理步骤和方法

（1）监视主站与厂站通讯报文，发现有时遥控选择报文无返校报文回来，怀疑通道质量不好。

（2）检查通道状态，发现误码率比较高，降低波特率后，遥控成功率提高了。

30. 通讯网关机的控制把手在"禁止遥控"位置，导致主站无法遥控

故障现象

主站遥控变电站的所有遥控均无法执行。

故障处理步骤和方法

（1）查看该站的通讯通道，通道正常，遥测、遥信正常刷新，

初步判断是厂站侧故障。

（2）现场查看通讯网关机，运行灯正常，报文传输正常。

（3）通讯管理机屏的"禁止/允许遥控"把手在禁止位置，导致全站遥控不成功。把手在允许位置后，遥控正常。

31. 通讯网关机配置参数错误，主站无法进行某一变电站的遥控

故障现象

主站遥控变电站的所有遥控均无法执行。

故障处理步骤和方法

（1）查看该站的通讯通道，通道正常，遥测、遥信正常刷新，初步判断是厂站侧故障。

（2）现场查看通讯网关机，运行灯正常，报文传输正常。

（3）检查通讯网关机的参数设置，发现"允许远方遥控"的参数没有设置为1，修改后该站主站远方遥控正常。

32. 厂站有重要遥信变位遥信，主站无法进行遥控

故障现象

主站对变电站进行遥控，有时执行成功，有时执行不成功。

故障处理步骤和方法

（1）查看该站的通讯通道，通道正常，遥测、遥信正常刷新。

（2）现场查看通讯网关机，运行灯正常，报文传输正常。

（3）此时，应查看主站和厂站的遥控报文，并分析报文，分析执行不成功的报文，可以发现报文中含有重要的遥信变位，导致遥控报文中断，为了防止事故发生时，遥控合闸造成事故的扩大，所以在101和104规约中，对于遥控中发生重要遥信变位时会中断遥控操作。所以这种异常不需要进行处理，只需重新执行即可。

第十二章

厂站电量系统故障缺陷分析处理

1. 电量采集装置电源板故障

故障现象

电量采集装置电源指示灯不亮，液晶没有显示。

故障处理步骤和方法

（1）现场电量采集装置电源指示灯不亮，液晶没有显示，应先检查电源是否良好，如电源正常应把电量采集装置电源关掉，再打开，仍然是这种现象，排除死机原因。

（2）更换电量采集装置电源板，电源指示灯常亮，液晶也显示正常。电量数据也正确。

2. 电量采集装置串口板故障

故障现象

电量主站发现某变电站有一部分线路的电度量不变化。

故障处理步骤和方法

（1）仔细核对电度量不变化的线路，发现这些电度表都是接在一个串口板上。串口板收发指示灯不亮。

（2）重启电量采集装置，发现故障现象不变。

（3）更换电量采集装置串口板，串口板收发指示灯正常交替闪烁，15min 后，主站有问题的电量也都恢复变化。

3. 电量采集装置通讯板故障

故障现象

电量主站发现某变电站电量采集装置通讯不上。

故障处理步骤和方法

（1）某变电站电量采集装置通讯不上，用 PING 命令检查，该装置也不通。

（2）电量采集装置本身采集的电量度都是正确的。

（3）更换电量采集装置通讯板，电量采集装置与主站通讯恢复。

4. 电量采集装置 CPU 板故障

故障现象

电量主站发现某变电站电度量不变化。

故障处理步骤和方法

（1）用 PING 命令检查，该装置是通的。

（2）现场发现电量采集装置本身就没有采集到电量数据，部分参数也没有了。

（3）重启电量采集装置，发现故障现象不变。

（4）电度表 485 回路是正常的，串口板也没有问题。

（5）更换电量采集装置 CPU 板，电量采集装置采集正常，过 15min，主站电量也恢复变化。

5. 电度表 485 口接线松动

故障现象

电量主站发现某变电站有一线路电度量不变化。

故障处理步骤和方法

（1）现场检查电量采集装置中该电度量也不变化。

（2）检查该电度表的接线，发现 485 口接线松动。

（3）拧紧接线后，该线路电度量数据恢复变化。

6. 电度表屏端子排 485 通讯线接线松动

故障现象

电量主站发现某变电站有一部分线路的电度量不变化。

故障处理步骤和方法

（1）仔细核对电度量不变化的线路，发现这些电度表都是接在一个电度表屏上。串口板发灯亮，收灯不亮。

（2）检查该电度表屏端子排上的接线，发现 485 接线松动。

（3）拧紧接线后，该屏电度量数据恢复变化。

7. 电度表本身故障

故障现象

电量主站发现某变电站有一线路电度量不变化。

故障处理步骤和方法

（1）现场检查电量采集装置中该电度量也不变化。

（2）检查该线路的电度表，电度表液晶没有显示，报警灯亮，分析电度表损坏。

（3）更换电度表后，重新设置表地址后，电量采集装置中该路电度量数据恢复刷新。

8. 兰吉尔电度表故障，不能与电量采集装置通讯

故障现象

电量主站发现某变电站有一关口电度量不变化。

故障处理步骤和方法

（1）现场检查电量采集装置中该电度量也不变化。

（2）检查该关口兰吉尔电度表，电度表液晶显示正常。

（3）拔下兰吉尔电度表的通讯模块，更换后检查，电量采集装置中该路电度量数据恢复刷新。

9. 更换电度表后，电度表的波特率与电量采集装置的不一致

故障现象

更换电度表后，电量采集装置无法采到该电度表数据。

故障处理步骤和方法

（1）检查电度表设置，发现表地址修改正确，但是波特率与原

来不一致。

（2）重新设置电度表的波特率。

（3）电量采集装置与电度表通讯恢复，数据正常。

10. 更换电度表后，电度表的规约与电量采集装置的不一致

故障现象

更换电度表后，电量采集装置无法采到该电度表数据。

故障处理步骤和方法

（1）检查电度表设置，发现电度表规约与原来不一致。

（2）重新更换与原来规约一致的电度表。

（3）电量采集装置与电度表通讯恢复，数据正常。

11. 更换电度表后，电度表的表地址与电量采集装置的不一致

故障现象

更换电度表后，电量采集装置无法采到该电度表数据。

故障处理步骤和方法

（1）检查电度表设置，发现电度表的表地址与原来不一致。

（2）重新设置电度表的表地址。

（3）电量采集装置与电度表通讯恢复，数据正常。

12. 电量采集应用程序死机，软件不能自动恢复

故障现象

电量主站发现某变电站电度量不变化。

故障处理步骤和方法

（1）该电量采集装置可 PING 通，远方登录到该装置，分析可能只是应用程序死机。

（2）远方重启电量采集装置，在电量主站看到该变电站的电量恢复刷新。

13. 电量采集装置一个串口采集程序死机

故障现象

电量主站发现某变电站有一部分线路的电度量不变化。

故障处理步骤和方法

（1）仔细核对电度量不变化的线路，发现这些电度表都是接在一个串口板上。串口板收发指示灯不亮。

（2）重启电量采集装置，电度量数据恢复刷新。

14. 电量采集装置一个串口的 485 通讯线短路

故障现象

电量主站发现某变电站有一部分线路的电度量不变化。

故障处理步骤和方法

（1）仔细核对电度量不变化的线路，发现这些电度表都是接在一个串口板上。

（2）原来该变电站在改造过程中，串口接有新电度表屏电度量和老电度表屏的电度量，施工人员在拆除老电度表屏时，没有处理 485 通讯线，造成该段 485 通讯线短路。

（3）拆除电缆沟内该段 485 通讯线，并用万用表测量正确后，电度量数据恢复刷新。

15. 负控也接在电量采集回路中

故障现象

电量主站发现某变电站电度量数据有时不准确。

故障处理步骤和方法

（1）现场检查电量采集装置，并没有发现异常，发现负控装置也接在电量采集回路中。

（2）由于负控装置的干扰，造成电量采集装置与电度表的通讯时通时断。

（3）将负控装置的电量采集回路移到电度表的另一通讯口。

（4）经过运行观察，电量主站没有再发现该变电站电度量数据不准确的问题。

第十三章

变电站不间断电源故障缺陷分析处理

1. 站用电源交流馈出空开跳闸

故障现象

UPS电源报交流异常，市电输入指示灯灭，伴随蜂鸣告警音。

故障处理步骤和方法

（1）检查UPS电源市电输入空开正常；

（2）检查UPS电源液晶面板无市电输入或使用万用表测量市电交流输入电压为0；

（3）检查站用变交流馈出空开跳闸；

（4）合上站用变交流馈出空开，告警消失，设备恢复正常。

2. 站用电源交流空开馈出（配入）线松动

故障现象

UPS电源间歇性报交流异常，市电输入指示灯间歇性亮、灭，伴随蜂鸣告警音。

故障处理步骤和方法

（1）检查UPS电源市电输入空开正常；

（2）检查UPS电源液晶面板市电输入电压不稳或使用万用表交流档测量市电交流输入电压不稳；

（3）检查站用变交流馈出空开合位；

（4）检查站用变交流屏的电压指示正常；

（5）检查站用变交流馈出空开进出线有松动，恢复接线，告警消失，设备恢复正常。

3. 直流馈电屏馈出空开馈出（配入）线松动

🔋 故障现象

UPS 电源间歇性报直流异常，电池电压低指示灯间歇性亮、灭，有蜂鸣告警音，可能会伴随 UPS 自动关机。

📉 故障处理步骤和方法

（1）检查 UPS 电源直流输入空开正常；

（2）检查 UPS 电源液晶面板直流输入电压不稳或使用万用表直流档测量直流输入电压不稳；

（3）检查直流馈电屏直流馈出空开合位；

（4）检查直流馈电屏电压指示正常；

（5）检查直流馈电屏馈出空开进（出）线有松动，恢复接线，告警消失，设备恢复正常。

4. UPS 电源进线交流空开与上级空开级差不匹配

🔋 故障现象

UPS 电源有交流失电告警，市电输入指示灯灭，伴随蜂鸣告警音，UPS 电源交流进线上级空开跳闸，UPS 电源交流输入线空开未跳闸。

📉 故障处理步骤和方法

（1）检查 UPS 电源进线交流空开容量；

（2）检查站内交流馈出线空开容量；

（3）发现两级空开级差不匹配；

（4）核算 UPS 电源空开选择正确（出厂设计会核算 UPS 电源内部空开匹配情况）；

（5）查找站用交流匹配空开，更换站用交流馈出接线位置，或更换站用交流馈出空开。

5. UPS 电源进线直流空开与上级空开级差不匹配

🔋 故障现象

UPS 电源有直流失电告警，电池电压低指示灯亮、有蜂鸣告警音，UPS 电源直流进线上级空开跳闸，UPS 电源交流输入线空开未跳闸。

🔧 故障处理步骤和方法

（1）检查 UPS 电源进线直流空开容量；

（2）检查直流馈出屏馈出线空开容量；

（3）发现两级空开级差不匹配；

（4）核算 UPS 电源空开选择正确（出厂设计会核算 UPS 电源内部空开匹配情况）；

（5）查找直流馈出屏匹配空开，更换直流馈出接线位置，或更换直流屏直流馈出空开。

6. UPS 电源"交流异常"故障报警干接点粘连

👤 故障现象

UPS 电源装置运行正常，后台机有 UPS 电源"交流异常"信号。

🔧 故障处理步骤和方法

（1）检查 UPS 电源交流输入空开合位，面板市电输入指示灯指示正常；

（2）检查检查 UPS 电源液晶面板交流输入电压正常或使用万用表交流电压档测量交流输入电压正常；

（3）对照 UPS 电源设备说明书，使用万用表直流档测量信号输出端子排，确为信号合位；

（4）判断为 UPS 电源故障报警干接点粘连；

（5）更换 UPS 电源故障报警输出插件，恢复正常。

7. UPS 电源"直流异常"故障报警干接点粘连

👤 故障现象

UPS 电源装置运行正常，后台机有 UPS 电源"直流异常"信号。

⚡ 故障处理步骤和方法

（1）检查 UPS 电源直流输入空开合位，电池指示灯熄灭指示正常；

（2）检查检查 UPS 电源液晶面板直流输入电压正常或使用万用表直流电压档测量直流输入电压正常；

（3）对照 UPS 电源设备说明书，使用万用表直流档测量信号输出端子排，确为信号合位；

（4）判断为 UPS 电源故障报警干接点粘连；

（5）更换 UPS 电源故障报警输出插件，恢复正常。

8. UPS 电源"逆变异常"故障报警干接点粘连

⚡ 故障现象

UPS 电源装置运行正常，后台机有 UPS 电源"逆变异常"信号。

⚡ 故障处理步骤和方法

（1）检查 UPS 电源液晶屏显示负载情况在允许范围内；

（2）UPS 电源"负荷过载"指示灯熄灭指示正常；

（3）对照 UPS 电源设备说明书，使用万用表直流档测量信号输出端子排，确为信号合位；

（4）判断为 UPS 电源故障报警干接点粘连；

（5）更换 UPS 电源故障报警输出插件，恢复正常。

9. UPS 电源所带负荷过载

⚡ 故障现象

UPS 电源"负荷过载"指示灯亮，有蜂鸣告警音，后台机有"电源过载"告警，UPS 电源过载后转旁路输出。

⚡ 故障处理步骤和方法

（1）检查 UPS 电源液晶屏显示有负载过载记录；

（2）检查所带负荷情况，确有高负荷设备挂接或后续增添其他负载以至过负荷；

（3）按照所介入负荷重要性，将其他负荷摘出 UPS 电源，转至其他电源带出；

（4）负荷降低后，UPS 电源自动转回 UPS 供电。

10. UPS 电源所带负荷有"短路"现象

故障现象

UPS 电源"负荷过载"指示灯亮，有蜂鸣告警声，后台机有"电源过载"告警，UPS 电源过载后转旁路输出。

故障处理步骤和方法

（1）检查 UPS 电源液晶屏显示有负载过载记录；

（2）检查所带负荷情况，无高负荷设备挂接负载；

（3）使用钳形电流表测量各路负载电流，发现有大电流馈出负荷；

（4）断开大电流馈出负荷空开，告警消失 UPS 电源自动转回 UPS 供电；

（5）检查大电流负荷运行情况异常，恢复后重启合上该馈出空开。

11. 双机冗余配置 UPS 电源的双机通讯线松动

故障现象

UPS 电源主机有蜂鸣告警声，但 UPS 输出正常。

故障处理步骤和方法

（1）关闭 UPS 主机，蜂鸣告警声消失；

（2）重启 UPS 主机，有蜂鸣告警声；

（3）关闭 UPS 备机，蜂鸣告警声消失；

（4）重启 UPS 备机，有蜂鸣告警声；

（5）检查 UPS 电源主备机通讯线，重新紧固通讯线或更换，蜂鸣告警声消失。

12. UPS 电源直流输入电压低（不为 0）

故障现象

UPS 电源自动关机。

◪ 故障处理步骤和方法

（1）重启 UPS 电源，蜂鸣告警声消失，"电池电压低"指示灯亮；

（2）UPS 电源自动关机；

（3）使用万用表直流电压档测量 UPS 直流输入电压，发现电压低；

（4）处理输入直流电压低问题；

（5）重启 UPS 电源，设备恢复正常。

13. UPS 电源静态开关故障

◪ 故障现象

转旁路或逆变输出时，所带负载瞬间失电。

◪ 故障处理步骤和方法

（1）使用万用表交流电压档测量 UPS 电源馈出端子，断开 UPS 电源交流输入空开，发现输出有瞬间中断；

（2）合上 UPS 电源交流输入空开，使用万用表交流电压档测量 UPS 电源馈出端子，关闭 UPS 电源，发现输出有瞬间中断；

（3）判断为 UPS 电源静态开关故障；

（4）更换静态开关，设备恢复正常。

14. UPS 电源工作环境过热

◪ 故障现象

UPS 电源自动转旁路工作，有蜂鸣告警，UPS 电源故障指示灯亮，后台有电源故障告警。

◪ 故障处理步骤和方法

（1）检查 UPS 电源时，发现电源工作环境过热（一般为超过 40 摄氏度）；

（2）打开 UPS 电源前后屏门，自然散热；

（3）去除电源覆盖物，使用空调制冷或通风手段降低室内温度；

（4）温度适宜后，重启 UPS 电源，设备恢复正常。

15. UPS 电源交流输入空开分位

🔋 故障现象

UPS 电源市电输入指示灯灭，有蜂鸣告警声，后台报交流输入异常。

📉 故障处理步骤和方法

（1）检查 UPS 电源交流输入空开为分位；
（2）合上 UPS 电源交流输入空开，设备恢复正常。

16. UPS 电源直流输入空开分位

🔋 故障现象

UPS 电源电池电压低指示灯亮，有蜂鸣告警声，后台报直流输入异常。

📉 故障处理步骤和方法

（1）检查 UPS 电源直流输入空开为分位；
（2）合上 UPS 电源直流输入空开，设备恢复正常。

17. UPS 电源交流输入内部接线脱落

🔋 故障现象

UPS 电源市电输入指示灯灭，有蜂鸣告警声，后台报交流输入异常。

📉 故障处理步骤和方法

（1）检查 UPS 电源交流输入空开为合位；
（2）使用万用表交流电压档测量交流输入电压正常；
（3）检查内部配线有松动、脱落情况；
（4）重新接线，设备恢复正常。

18. UPS 电源直流输入内部接线脱落

🔋 故障现象

UPS 电源电池电压低指示灯亮，有蜂鸣告警声，后台报直流输入异常。

故障处理步骤和方法

（1）检查 UPS 电源直流输入空开为合位；

（2）使用万用表直流电压档测量直流输入电压正常；

（3）检查内部配线有松动、脱落情况；

（4）重新接线，设备恢复正常。

19. UPS 电源旁路空开分位

故障现象

UPS 电源异常关机，负载失电。

故障处理步骤和方法

（1）检查 UPS 电源旁路空开为分位；

（2）合上 UPS 电源旁路空开，设备恢复供电；

（3）重启 UPS 电源，如发现有其他告警，处理 UPS 电源故障。

20. UPS 电源电流检测传感器或主板故障

故障现象

UPS 电源"负荷过载"指示灯亮，有蜂鸣告警声，后台机有"电源过载"告警，UPS 电源转旁路输出。

故障处理步骤和方法

（1）检查 UPS 电源液晶屏显示有负载过载记录；

（2）检查所带负荷情况，无高负荷设备挂接负载；

（3）使用钳形电流表测量各路负载电流，未发现有大电流的负载；

（4）关机，拔掉传感器插头，重新开机，故障未消除，则为主板故障；

（5）关机，拔掉传感器插头，重新开机，故障消除，则为传感器故障；

（6）更换传感器或主板。

21. UPS 电源液晶屏与主板连接松动

故障现象

UPS 电源液晶显示黑屏。

故障处理步骤和方法

（1）关机，检查液晶屏与主板连接松动；

（2）紧固连接，重新启机。

22. UPS 电源运行指示灯故障

故障现象

运行指示灯状态异常，但无蜂鸣告警声及其他告警。

故障处理步骤和方法

（1）关机，检查运行指示灯连接及指示灯；

（2）紧固连接或更换指示灯；

（3）重启 UPS 电源，指示灯恢复正常。

23. UPS 电源逆变器故障

故障现象

UPS 电源转旁路输出。

故障处理步骤和方法

（1）检查 UPS 电源直流输入空开合位；

（2）使用万用表交流电压档测量交流输入电压正常；

（3）使用万用表直流电压档测量直流输入电压正常；

（4）检查装置过负荷情况，无异常；

（5）停机更换逆变器，设备恢复正常。

24. UPS 电源空开故障，动作特性异常

故障现象

UPS 电源运行期间输入、馈出空开无故跳闸，伴随相应告警或

甩负荷。

故障处理步骤和方法

（1）检查 UPS 电源进线、馈出空开容量负荷实际使用情况；

（2）检查所带负载运行正常，无过载、短路情况；

（3）更换故障空开，异常恢复。